广东教育学会中小学阅读研究专业委员会

推荐阅读

物理学科素养阅读丛书

丛书主编　赵长林　　　　丛书执行主编　李朝明

物理学中的七个基本量

李晓霞　邹艳梅　周　浩　秦志朋　著

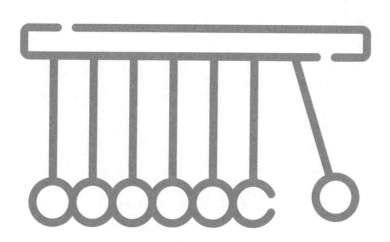

SPM 南方传媒

全国优秀出版社
全国百佳图书出版单位　广东教育出版社

·广州·

图书在版编目（CIP）数据

物理学中的七个基本量 / 李晓霞等著 . — 广州：广东教育出版社，2024.3

（物理学科素养阅读丛书 / 赵长林主编）

ISBN 978-7-5548-5351-1

Ⅰ .①物… Ⅱ .①李… Ⅲ .①物理学 Ⅳ .① O4

中国版本图书馆 CIP 数据核字（2022）第 254949 号

物理学中的七个基本量

WULIXUE ZHONG DE QI GE JIBENLIANG

出 版 人：朱文清

策 划 人：李世豪　唐俊杰

责任编辑：杨泽清　马文亮

责任技编：余志军

装帧设计：陈宇丹　彭 力

责任校对：田建利

出版发行：广东教育出版社

　　　　　（广州市环市东路472号12-15楼　邮政编码：510075）

销售热线：020-87615809

网　　址：http://www.gjs.cn

E-mail：gjs-quality@nfcb.com.cn

经　　销：广东新华发行集团股份有限公司

印　　刷：广州市岭美文化科技有限公司

　　　　　（广州市荔湾区花地大道南海南工商贸易区A幢）

规　　格：787 mm×980 mm　1/16

印　　张：11.5

字　　数：230千字

版　　次：2024年3月第1版　2024年3月第1次印刷

定　　价：46.00元

若发现因印装质量问题影响阅读，请与本社联系调换（电话：020-87613102）

总序

学习物理的门径

　　由赵长林教授担任丛书主编的"物理学科素养阅读丛书"，述及与中学物理课程密切相关的物理学中的假说、模型、基本物理量、常量、实验、思想实验、悖论与佯谬、前沿科学与技术等方面。丛书定位准确，视野开阔，既有深入的介绍分析，也有进一步的提炼、概括和提高，还从不同的视点，比如说科学哲学或逻辑学的角度进行解读，对理解物理学科的知识体系，进而形成科学的自然观和世界观，发展科学思维和探究能力，融合科学、技术和工程于一体，养成科学的态度和可持续发展的责任感有很大的帮助。丛书文字既深入严谨又通俗易懂，是一套适合学生的学科阅读读物。

　　丛书的第一个特点是突出了物理学的思想方法。

　　物理学对于人类的重大贡献之一就在于它在科学探索的过程中逐步形成了一套理性的、严谨的思想方法。在物理学的思想方法形成之前，人们不是从实际出发去认识世界，而是从主观的臆想或者神学的主张出发建立起一套唯心的理论，也不要求理论通过实践来检验。物理学推翻了这种以主观臆测和神学主张为基础的思想方法，在探究自然的过程中开展广泛而细致的观察，在观察的基础上通过理性的归纳形成物理概念，再配合以精确的测量，将物理概念加以量化，进一步探索研究量化的物理规律，形成物理学的理论体系。这种方法将抽象的、形而上的理论与具象的、形而下的实践联系起来，成为人类认识和理解自然界物质运动变化规律的有力武器。物理学的思想方法非常丰富，包含了三个不同的层次。第一是最普遍的哲学方法，如：用守恒的观点去研究物质运动的方法，追求科学定律的简约性等；第二是通用的科学研究方法，如：观察、实验、抽象、归纳、演绎等经验科学方法；第三是专门化的特殊研究方法，即物理学科的规律、知识所构成的特殊方法，如光谱分析法等。物理学方法既包括高度抽象的思辨和具象实际的观察测量，也包括海阔天空的想象。物理学家在长期的科学探索活动中，形成科学知识并且不断地改变人类认识世界的方法，从物理学基本的立场观点到对事物和现象的抽象或逻辑判断，再到一些特有的方法和技巧，这些都是人类赖以不断发展进步的途径。因此，物理学的思想方法就不仅涉及自然，还涉及人和自然的相互作用与对人本身的认识。抓住物理的思想方法，不仅有利于深入理解物理学的知识体系，还有利于形成科学的自然观和世界观，达到立德树人的目标。

丛书的第二个特点是注意引发学生的学习欲望，从而进行深度学习。

现代教育心理学研究告诉我们，在学校环境下学生的学习过程有两个特点[1]：第一，学生的学习和学生本身是不可分离的。这就是说，在具体的学习情境中，纯粹抽象的"学习"是不存在或不可能发生的，存在的只是具体某个学生的学习，如"同学甲的学习"或"同学乙的学习"。第二，学生所采取的学习策略与学习动机是两位一体的，有什么样的动机，就会采取与之相匹配的学习策略，这种匹配的"动机-策略"称为学习方式。也就是说，如果同学甲对所学的内容没有求知的欲望或不感兴趣，那他在学习时就会采取被动应付的态度和马虎了事的策略，对所学内容不求甚解、死记硬背，或根本放弃学习。相反，如果同学乙有强烈的学习欲望或对学习内容有浓厚的兴趣，他就会深入地探究所学内容的含义，理解各种有

---

① BIGGS J, WATKINS D. Classroom learning：educational psychology for Asian teacher［M］. Singapore：Prentice Hall，1995.

关内容之间的关系，逐步了解和掌握相关的学习与探究的方法。第一种（同学甲）的学习方式是表层式的学习，第二种（同学乙）的学习方式是深层式的学习。此外，在东亚文化圈的学生中还大量存在着第三种学习方式——成就式的学习，即学生对学习的内容本来没有兴趣和欲望，但为学习的结果（如考试分数）带来的好处所驱动，会采取一些能够获得好成绩的策略（如努力地多做练习题）。在同一个学校、同一间课室里学习的学生，由于他们的动机和策略，也就是学习方式的不同，产生了不同的学习效果。当然，效果还与学生的元认知水平及天资有关。本丛书的作者有意识地提倡深度（深层次）的阅读，书中的大部分内容以问题为引子，用历史故事或相互矛盾的现象，引发读者的好奇，再按照物理发现的思路逐步引导读者探究问题。在这一过程中，注意点明探究和解决问题遵循的思路和方法，达到引导读者进行深度学习的目的。

丛书的第三个特点在于详细、深入、系统地介绍对启迪物理思维有重要作用的相关知识，注意通过知识培养素养。

有的人也许会问，今天的教育是以培养和发展学生的科学素养为核心，知识学习是次要的，有必要花那么多时间来学习知识吗？这种观点是片面和错误的。物理学的成就首先就表现为一个以严谨的框架组织起来的概念体系。如果对物理学的知识体系没有基本和必要的了解，就无法理解物理，无法按照科学的方法去思考和探究。确实，物理学知识浩如烟海，一个人即使穷其毕生之力也只能了解其中的一小部分，就算积累了不少物理知识，但如果不能抓住将知识组织起来的脉络和纲领，得到的也只是一些孤立的知识碎片，不能构成对物理学的整体的理解。然而，物理学的知识又是系统而严谨的。每一个概念以及概念之间的关系都有牢固的现实基础和逻辑依据，从简单到复杂，从宏观到微观，从低速到高速，步步为营，相互贯通，反映了现实世界的"真实"。物理知识是纷繁复杂的，也是简要和谐的。只要抓住了物理知识体系的纲领脉络，就能够化繁为简，找到通往知识顶峰的道路，以理解现实的世界，创造美好的未来，这也是物理学对人类的最大贡献之一。况且，物理学的思想方法是隐含在物理知识的背后，隐含在探索获取知识的过程之中的。对物理学知识一无所知，就不可能了解物理学的思想方法；不亲历知识探索的过程，就不可能掌握物理学的思想方法。学习物理知识是认识、理解、运用物理思想方法的必由之路，也是形成物理科学素养的坚实基础。因此，本丛书在介绍物理学知识中，一是介绍物理学思想方法，帮助读者构建物理学知识体系和形成物理思维，对于培养物理学科素养很有裨益；二是扩大读者的视野，打开读者的眼界，不仅从纵向说明物理学的历史进展，介绍物理学的最新发展、物理学与技术和工程的结合，更重要的是联系科学发展的文化背景、科学与社会之间的互动与促进，认识物理学的发展在转变人的思想、行为习惯和价值观念方面的作用，体会"科学是一种在历史上起推动作用的、革命的力量"[②]，"把科学首先看成是历史发展的有力杠杆，看成是最高意义上的革命力量"[③]。

　　课改二十年过去了。一代又一代人躬身课程与教学研究，探寻、谋变、改革、创新交相呼应。本丛书是这段旅程的部分精彩呈现，相信一定会受到读者欢迎，在"立德树人"的教育实践中发挥它的应有之义。

高凌飚

2023年于羊城

　　[②] 马克思，恩格斯. 马克思恩格斯全集：第19卷［M］. 北京：人民出版社，1963：375.

　　[③] 马克思，恩格斯. 马克思恩格斯全集：第19卷［M］. 北京：人民出版社，1963：372.

前言

洞察物理之窗

相对于其他自然科学来说，物理学研究的内容是自然界最基本的，它是支撑其他自然科学研究和应用技术研究的基础学科。物理学进化史上的每一次重大革命，毫无疑义都给人们带来对世界认识图景的重大改变，并由此而产生新思想、新技术和新发明，不仅推动哲学和其他自然科学的发展，而且物理学本身还孕育出新的学科分支和技术门类。从历史上的诺贝尔奖统计情况来看，物理学与其他学科相比，获奖的人数占比更大，从一个侧面说明了这一点。我国新高考方案发布后，物理学科在中学的学科教学地位得以凸显，也正是应验了物理学科特殊的地位。

试举一例。

人们对物质结构的认识，最早始自古希腊时代的"原子说"，这个学说的创始人是德谟克利特和他的老师留基伯。他们都认为万物皆由大量不可分割的微

小粒子组成，"原子"之意即在于此。德谟克利特认为，这些原子具有不同的性质，也就是说，在自然界同时存在各种各样性质不同的原子。他的"原子说"虽然粗浅，但现在仍能用来解释固体、液体和气体的某些物理现象。到了17世纪，人们的认识不再囿于纯粹的思辨和假说，各种实验、发现和发明纷至沓来。1661年，英国的物理学家和化学家玻意耳在实验的基础上提出"元素"的概念，认为"组成复杂物体的最简单物质，或在分解复杂物体时所能得到的最简单物质，就是元素"。现在化学史家们把1661年作为近代化学的开始年代，因为这一年玻意耳编写的《怀疑派化学家》一书的出版对后来化学科学的发展产生了重大而深远的影响。玻意耳因此还成为化学科学的开山祖师、近代化学的奠基人。玻意耳认为物质是由各种元素组成的，这个含义与我们现在的理解是一样的。至今我们已经找到了100多种构成物质的元素，列明在化学元素周期表上。

把原子、元素概念严格区别开来，提出"原子分子学说"的是道尔顿和阿伏加德罗。道尔顿认为，同种元素的原子都是相同的。在物质发生变化时，一种原子可以和另一种原子结合。阿伏加德罗把结合后的"复合原子"称作"分子"，认为分子是组成物质的最小单元，它与物质大量存在时所具有的性质相同。

到了19世纪中叶，有关原子、元素和分子的概念已被人们普遍接受，这为进一步研究物质结构打下了坚实的基础。

19世纪末，物理学家们立足于对电学的研究，不断思考物质结构的问题。最引人注目的发现主要有：德国物理学家伦琴利用阴极射线管进行科学研究时发现X射线；法国物理学家贝可勒尔发现了天然放射性；英国物理学家汤姆孙发现了电子。这三个重大发现在前后三年时间内完成，原子的"不可分割性"从此寿终正寝，科学家的思维开始进入原子内部。

迈入20世纪后的短短几十年间，物理学家对原子结构的探索可谓精彩纷呈，质子、中子、中微子、负电子等多种粒子的发现，不仅证实了原子的组成，而且还证实了原子是能够转变的！在伴随着科学家绘制的全新原子世界图景里，能量子、光量子、物质波、波粒二象性、不确定关系等这些与物质结构联系在一起的概念已经让人们对自然世界有了颠覆性认识！

以上是从物理学家对物质结构探索这个基本方面梳理出的一个大致脉络。循着这条线索，我们能感受到物理学在自然科学研究中所产生的强大推动力。物理学研究自然界最基本的东西还有很多方面，比如时间和空间的问题等，有兴趣的读者不妨仿照以上方式进行梳理。正是物理学对自然界这些最基本问题的不断探索所形成的自然观、世界观、方法论，引领其他自然科学的发展，对科学技术进步、生产力发展乃至整个人类文明都产生了极其深刻的影响。在这里，尤其要提到的是，以量子物理、相对论为基础的现代物理学，已经广泛渗透到各个学科和技术研究领域，成就了我们今天的生活方式。

接下来谈谈物理学的基本研究思路体系，请看图1：

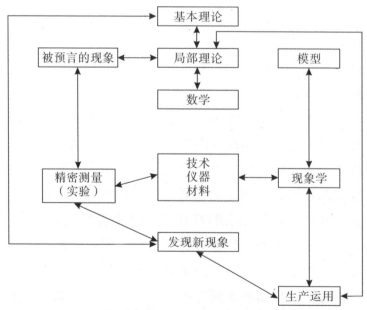

图1　物理学基本研究思路体系示意图

如果我们把这个体系看成是一个活的有机体，每个方框代表这个有机体的一个"器官"，想象一下这个有机体的生存和发展，还是很有趣的。在这个体系中，各个不同的部分互相依存，它们代表着复杂的相互作用系统，并随着时间而进化。如果切除某个"器官"，这个有机体就难以存活下去。对这种比喻性的理解，有助于我们看清物理学的基本研究思路体系的本来面目并加以重视。在理论方面，你也许会想起牛顿、麦克斯韦、爱因斯坦；在实验方面，你也许会想起伽利略、法拉第、卢瑟福；在数学方面，你也许会想起欧几里得、黎曼、希尔伯特。无论你从哪个"器官"想起谁，都会感受到这些科学家在源源不断地通过这些"器官"向这个有机体输送营养，也许未来的你也会是其中的一个。

现在，中学物理课程和教材体系基本上依照上述体系构成。为了强化对这个体系的理解，在这里有必要强调一下理论和实验（测量）的问题。二者构成物理学的基本组成部分，它们之间是对立与统一的关系。理论是在实验提供的经验材料基础上进行思维建构的结果，实验是在理论指导下，在问题的启发下，有目的地寻求验证和发现的实践活动。理论和实验发生矛盾时，就意味着物理学的进化，矛盾尖锐时，就意味着理论将有新的突破，表现为物理学的"自我革命"。一个经典的事例就是发生在20世纪之交物理学上空的"两朵乌云"［英国著名物理学家威廉·汤姆孙〔开尔文勋爵〕之语〕。他所说的"第一朵乌云",主要是指迈克耳孙–莫雷实验结果和以太漂移说相矛盾;"第二朵乌云"主要是指热学中的能量均分定理在气体比热以及热辐射能谱的理论解释中得出与实验数据不相符的结果,其中尤其以黑体辐射理论出现的"紫外灾难"最为突出。正是这"两朵乌云",导致了现代物理学的诞生。但是从物理学的发展历史来看,我们绝不可因此否认进化对物理学发展的重大意义。实际上,正是由于如第4页图中所展示出来各要素之间的相互作用,物理学才会处于进化与自我革命的辩证发展中。

上面谈及的两个方面可以说是引领你进入物理学之门的准备知识,希望因此引起你对物理学的好奇,进而学习物理的兴趣日渐浓厚。要系统掌握物理学,具备今后从事物理学研究或相关工作的关键能力和必备品格,我们必须借助物理教材。教材是非常重要的启蒙文本,它是根据国家发布的课程方案和课程标准来编制的,大的目标是促进学生全面且有个性的发展,为学生适应社会生活、职业发展和高等教育作准备,为学生的终身发展奠定基础。现在的物理教材非常注重学科核心素养的培养,主要体现在物理观念、科学思维、科学探究、科学态度与责任四个方面。在这四个方面中,科学思维直接辐射、影响着其他三个方面的习得，它是基于经验事实建构物理模型的抽象概括过程，是分析综合、推理论证等方法在科学领域的具体运用，是基于事实证据和科学推理对不同观点和结论提出质疑和批判，进行检验和修正，进而提出创造性见解的能力与品格。科学思维涉及的这几个方面在物理学家们的研究工作中也表现得淋漓尽致。麦克斯韦是经典电磁理论的集大成者。他总结了从奥斯特到法拉第的工作，以安培定律、法拉第电磁感应定律和他自己引入的位移电流模型为基础，运用类比和数学分析的方法建立起麦克斯韦方程组，预言电磁波的存在，证实光也是一种电磁波，从而把电、磁、光等现象统一起来，实现了物理学上的第二次大综合。在这里，我们引用麦克斯韦的一段原话来加以注脚和说明是合适的：

　　为了不用物理理论而得到物理思想，我们必须熟悉物理类比的存在。所谓物理类比，我指的是一种科学的定律与另一种科学的定律之间的部分相似性，它使得这两种科学可以互相说明。于是，所有数学科学都是建立在物理学定律与数的定律的关系上，因而精密的科学的目的，就是把自然界的问题简化为通过数的运算来确定各个量。从最普遍的类比过渡到部分类比，我们就可以在两种不同的产生光的物理理论的现象之间找到数学形式的相似性。

　　这几年，我和粤教版国标高中物理教材的编写与出版打起了交道。在工作中深感教材编写工作责任重大，在教材中落实好学科核心素养并不是一件容易的事情。作为编写者，必须对物理学的世界图景独具慧眼，尽可能做到让学生"窥一斑而知全豹，处一隅而观全局"，还要有"众里寻他千百度，蓦然回首，那人却在灯火阑珊处"的感悟。渐渐地，我心中萌生起以物理教材为支点，为学生编写一套物理学科素养阅读丛书的想法。经过与我的同门学友、德州学院校长赵长林教授充分探讨后，我们将选材视角放在了物理教材涉及的比较重要的关键词上——七个基本物理量、假说、模型、实验、思想实验、常量、悖论与佯谬、前沿科学与技术，试图通过物理学的这些"窗口"让学生跟随物理学家们的足迹，领略物理学的风景，从历史与发展的角度去追寻物理学科核心素养的源泉。这些想法很快得到了来自高校的年轻学者和中学一线名师的积极呼应，他们纷纷表示，这是一个对当前中学物理学科教学"功德无量"的出版工程，非常值得去做，而且要做到最好。令我感动的是，自愿参加这个项目写作的作者经常在工作之余和我探讨写作方案，数易其稿，遇到困惑时还买来各种书籍学习参考。最值得我高兴的是，赵长林教授欣然应允我的邀约，担任丛书主编，在学术上为本丛书把脉。在本丛书即将付梓之时，我代表丛书主编对这个编写团队中相识的和还未曾谋面的各位作者表示衷心的感谢，对大家的辛勤劳动和付出致以崇高的敬意！

本丛书的出版得到了广东教育学会中小学阅读研究专业委员会和广东省中学物理教师们的大力支持，在此一并致谢！

李朝明

2023年11月

自序

　　在分析和思考物理学中为什么选择这七个物理量作为基本物理量时，我们不由得想到地铁的换乘站。在一个地铁系统完善的城市里，我们可以通过换乘站的转乘来畅游全城。这些换乘站具有客容量大、有转换通道等特点，因此起到了交通枢纽的作用。七个基本物理量的确定不仅和人类认识客观世界的起点和过程有关，也和通过它们能简洁地打通全部物理量之间的关系有关。以基本物理量为线索，通过物理公式来贯穿全部物理量，可以实现物理量的系统性和网络化，与物理追求的由简单解释复杂，由特殊表示一般，和谐、统一的物理美学理念一致。

　　基本物理量的数目和选法不是唯一的，基本物理量选定之后还要建立一套单位制来和全部物理量相匹配。一般来说，基本物理量的数目多的话，有助于区别不同物理量的量纲，但物理公式比较复杂，将出现较多的物理常数；反之，公式简单，具有相同量纲的物理量的数目就会增多，从测量的角度看，这是有益的。

物理学中最早是选择长度、质量和时间三个量为基本物理量，对于力学现象来说，三个基本物理量已经足够了。后来新发现的电磁现象的单位也可以从力学单位导出，导出时可以遵循两条定律：一条是从静电学的库仑定律出发从作用力定义电荷的单位；另一条则是从安培定律出发定义电流的单位。但从事实际工作的工程师们觉得很不方便，于是又引入了一些实用单位，比如伏特（电动势）、欧姆（电阻）、安培（电流）、瓦特（功率）等。意大利工程师乔吉发现，如果长度、质量和时间的基本单位由米（m）、千克（kg）和秒（s）来充当，得到的机械功率的单位刚好就是电功的实用单位焦耳，但还不足以保证自动得出电学中的实用单位，因此应当增加一个电学的基本物理量，拥有独立量纲用来实现和力学量纲的区别，乔吉最初建议选电阻（单位：欧姆）。1935年，国际电工委员会通过了乔吉的建议。1948年，国际计量大会正式决定采用米–千克–秒–安培制，即MKSA制，这基本上就是乔吉的建议，只是第四个基本物理量定为电流。MKSA制只包括力学单位和电学单位，1954年，国际计量大会决定增加热力学温度单位开尔文和发光强度单位坎德拉为基本单位。1960年，国际计量大会决定把这种实用单位制定名为"国际单位制（SI）"。1971年，国际计量大会决定增加物质的量及其单位摩尔作为基本物理量和对应的国际单位。

基本物理量和人类计量史相伴而生、相辅相成。今天，我们站在人类发展的关键点上，我们将不再依赖实物作为测量的基准，自然法则润物无声，连通了肉眼不可见的量子世界与触不可及的宇宙空间。一个测量的新纪元即将到来，世界上全部的计量单位，将由自然基本法则定义。2018年，第26届国际计量大会在法国巴黎召开，这为计量科学带来了跨时代的发展，让任何人在任何地方，都可以准确地测量质量、温度、电流强度和物质的量，就像现在我们测量时间和长度一样精准。我们已跋涉千里，如能从历史中窥得未来的端倪，新的计量基准将助我们远行至无人之境。

本书分别针对七个基本物理量的意义、选取缘由、测量方法等展开论述。编写本书的作者均为中学一线教师，他们为了完成自己所负责的部分，都进行了广泛的阅读、大胆的思考和有效的交流，但毕竟视界和高度有限，所引用的图片均来源于文献和网络，所述观点多来源于参考文献，少数为大胆的思考推理，其中若有偏颇之处请各位前辈和同行不吝赐教。

再者，因各部分执笔人不同，文笔风格与内容安排会有所差别，若给您带来不便，敬请谅解。感谢广东教育出版社的李朝明总编辑为本书所做的大量工作。

李晓霞

2023年11月

目录

1 长度

2／ 质量

3／ 时间

4 / 电流

5 / 温度

6 / 发光强度

7 / 物质的量

1

长度

1.1 人类是从什么时候开始测量长度的？

长度，即两点之间的距离，进而可以描述一个物体的长度或两地间的远近。这是我们生活中最熟悉的物理量之一，我们随时随地可以拿出身边各种各样的尺子对一些物体的长度进行测量，并得到一个结果。例如，用米尺测得某中学生的身高为1.65 m。我们已经对生活中所使用的各种测量工具以及测量过程习以为常，并不觉得其中有什么玄机。那么让我们重新审视我们的测量，并思考以下几个问题：尺子是怎么制造出来的呢？尺子上面的刻度是如何确定的呢？到底什么是1 m呢？为什么这个长度就是1 m呢？人类是从什么时候开始测量长度的呢？让我们带着这些问题，一起走进"米"的前世今生。

关于长度的概念最早是什么时候产生的，目前还缺少可靠的考证资料，所以还不能得出结论。可以推想，长度的概念应该是在人类从猿变成人的极漫长的历史过程中逐步形成的，或者说与人类的产生是同步的。

人类在早期生活中，不断对周围的自然环境进行比较认识，比如狩猎距离的远近，追击猎物的木棒的长短，洞穴的高矮、深浅等，经过长时间的对比经验积累，慢慢产生了长度的概念，这个历史过程是漫长的，不过这还是一种不确定的、模糊的认识。

到了旧石器时代，人类开始学会制造各种各样的简单石器作为工具，而且会根据不同的用途，选择不同形状和不同大小的原料，逐步打制成大小、形状不同的工具，比如砍砸器、刮削器、雕刻器、尖状器以及石锤、石锥等。在制造这些工具时，必然需要有大小、长短的概念。原始人在使用这些工具去砍伐树木、制造棍棒时，也必然涉及对大小、长短的直觉的比较，这是不言而喻的。在旧石器时代漫长的数百万年里，人类在不断认识和改造自然的过程中，逐渐积累起了长度的概念，逐步学会了进行粗略的比较式的测量。

进入新石器时代，人类开始由被动地适应自然转变为主动地改造自然和利用自然，磨制石器、陶器、农业以及畜牧业开始出现了。在新石器时代的早中期，人类在劳动、生活和分配等活动中，慢慢开始有了数的概念，逐步学会了计数的方法，"结绳记事"和"契木计时"的传说大概就是对最早计数活动的描述。对人类的发展而言，学会计数是一个巨大的飞跃。长度的测量是用数值来表示物体的长度或两点间的距离，因此原始的长度测量正是在学会计数之后才开始的。

在这个时期，人类的石器制造水平有了很大的提升，开始出现了一些大型的工具，如石斧、石锄、石铲、石镰等，这些大型工具必须装上木柄才能使用，因此被称为复合工具。在制造这些复合工具的过程中，各个零件应如何搭配，木柄削多长，石头上的孔钻多大、钻在什么位置是必然要考虑的问题。安徽潜山薛家岗发现的多孔石刀，上面有五孔、七孔、九孔、十一孔，甚至十三孔，而孔与孔之间的间距基本相等，这不可能是粗略目测的结果，必然是经过一番长度的测定和计算的。浙江余姚发现的河姆渡遗址中，出现了很多带有卯榫的建筑构件，这些相互配套的卯眼和榫头衔接得很好，说明在制作时比较卯眼和榫头的大小方圆已经是必不可少的程序了，甚至还需要比较复杂细致的长度测量才可以做到。

图1-1　安徽潜山薛家岗出土的九孔石刀

图1-2　浙江余姚河姆渡遗址出土文物

　　在这一时期，农业的兴起加速了社会的发展。原始人类慢慢向河流沿岸、湖泊周围迁徙，并慢慢稳定下来，开始在固定的一片土地范围内耕种，并步入氏族社会。氏族社会的出现使有关生产活动进一步社会化，社会化的生产活动必然对测量的精确度和统一性提出了更高的要求。在农业出现之前的采猎时代，人类只能从自然界获得自然产品来维持生命，食物来源极其不稳定，过着"饥则求食，饱则弃余"的生活。农业的出现改变了这种局面，人们学会自己种植来获得食物，食物来源变得相对稳定可靠，而且还经常会有一些剩余产品。在这种情况下，一小部分人开始脱离农业生产而专门从事手工业劳动，于是农业和手工业分离了，出现了一次社会劳动的大分工。手工业的独立也促进了各种生产生活用品制作的规范化，对长度的测量提出了更精确的要求。同时，随着定居这种生活方式而来的是房屋建筑业的兴起，而房屋的建造需要大量的长度测量，要建造群居部落的一些庞大的建筑，肯定需要整个氏族成员集体通力协作才能完成，这时就需要有相对统一的长度标准，进行统一的测量，选择一根树枝或一段绳子作为测量的标准就显得尤为必要。但是，在那个时候这种临时的标准往往只用在一时或一事，长短不定，用完即丢，长度测量的标准还没有固定下来。这种临时确定长度标准的情况，如今在我国一些少数民族地区仍然存在，例如云南一些少数民族盖干栏式房屋，在打桩时会用一根绳子来量取两边等长。正是由于越来越多的这种大规模的社会化的活动，促使长度测量得以发展，渐渐脱离了原始的形态。

私有制的产生，建筑业的兴起，手工业生产的专业化，社会性的生产和分配的经常化，都要求不同的人在不同时间对不同对象进行测量时得到相对一致的结果，这时包括长度测量在内的度量衡制度就应运而生了。长度工具可能产生于人们利用人体、自然物或人造物对生产生活用具的对比测量和建造房屋、宫殿的过程中。

1.2 要测量长度，先确定测量标准！

确定测量标准是进行长度测量的前提条件。确立一个标准长度，并把这个长度定为单位，再以这个标准长度为模本制作测量工具，拿测量工具与测量对象进行对比，从而得到测量对象的长度。根据测量对象的大小或长短，有时还需要设定一些小单位和大单位，并确立它们和标准单位之间的进制。由此可以看出，在长度测量过程中，长度标准的选取是非常重要的。

从本质上说，长度标准的选取可以是随机的，比如我们可以随手取一段绳子作为标准，并设定单位为"绳"，再以一定的进制设立小单位和大单位，然后根据这个标准制作测量工具，对物体进行测量，并得到测量结果为多少绳。但是这样的标准选取存在以下几个问题：第一，绳子本身的长度并不是固定不变的，在不同时期、不同温度下作为标准的绳子的长度会发生变化。而且绳子并不容易保存，一旦作为标准的绳子发生了损坏，所有的测量结果都会出现问题，产生混乱。因此我们选取的标准应该是足够稳定的、牢靠的、可信的。第二，以这段绳子作为长度测量标准，如果只有很少一部分人使用，那么这种长度的测量结果就无法进行社会化的交流，就会出现沟通障碍，因此长度的标准往往还需要权威强制性的推广，只有这样，长度的测量结果才真正有意义。第三，为了使标准能够大范围地推广，能被更多的人使用，这个标准还需要具有易获取性，比如人的身体、自然界的物体等。

1.3 古人是如何选取长度测量标准的？

关于最早的长度标准是什么时候确定的，目前没有确切的资料作为依据，但是很多古代传说、文献表明，原始社会末期到奴隶社会初期，包括长度在内的度量衡制度从萌芽阶段到产生发展，并逐步完备起来。

大禹治水是我们耳熟能详的神话故事，相传在上古时期发生了一次很大的洪水，当时的部落首领舜派禹去治理洪水，禹到各地进行实地调查和测量，发明了疏导水道的新办法，成功治理了水患，并成为新的部落首领。关于大禹治水的事迹很多文献都有记载，《管子·轻重戊》中提到，大禹"疏三江，凿五湖，道四泾之水，以商九州之高"，商在这里就是测量的意思。《史记·夏本纪》记载大禹"身为度，称以出"，"左准绳，右规矩，载四时，以开九州，通九道，陂九泽，度九山"，这几句话描述了大禹以身体作为长度标准，手拿规矩、准绳作为测量工具，治理洪水、量度天下的情形。为了治理水患，大禹还派太章和竖亥去丈量大地，《淮南子·地形训》中有这样的描述，"禹乃使太章步自东极，至于西极，二亿三万三千五百里七十五步；使竖亥步自北极，至于南极，二亿三万三千五百里七十五步"。

可以想象，大禹治水十几年的过程中，无论是勘测地形，还是丈量国土，都进行了大规模的长度测量，然而要完成这样庞大的工程，仅仅靠简单地比较测量一定是不够的，还需要建立统一的具有权威性的长度标准和长度单位。东晋王嘉在志怪小说《拾遗记》中写到，大禹在开凿龙门的时候，进入了一个很深的岩洞，幽暗难行，忽然出现了一头口衔明珠像猪一样的怪物，将大禹一步一步引向深处，最终引到了人面蛇身的伏羲面前，伏羲交给大禹一支长一尺二寸的玉简，"使量度天地"。这虽然是一个神话，但是却反映了一个基本道理，在进行大型工程时，必须制定出具有权威性的长度测量标准，才能保证测量数据的准确，才能保证工程的正常进行。很有可能，也就是在这个时期，我国建立了最早的长度测量标准和单位。

古代长度测量标准的选取大致可以分为三类：第一类，取自然物，如人体、谷物、丝毛等。第二类，取人造物，如货币、圭璧等。第三类，取自然界中的现象，如声音等。

一般来说，任何被人们采用的长度标准，都是因为某种用途比较方便而约定俗成的。人体是人类最熟悉的自然物，人类最初的测量，也往往是借助于人的身体或身体的一部分作为标准来实现的，几乎世界各个文明史上都有相似的记载。人类身体是最古老的测量标准，同时也是第一个测量工具。

1.4 我国古代流传最广的长度单位制——"五度制"

我国从夏商周的奴隶社会时期，就开始逐渐形成了"分、寸、尺、丈、引"的长度单位制，且规定了进制，称为"五度制"。《汉书·律历志》中载"度者，分、寸、尺、丈、引也……十分为寸，十寸为尺，十尺为丈，十丈为引"。那么这套长度单位是如何选择长度标准的呢？《孔子家语》中给出了明确的答案："夫布指知寸，布手知尺"，可见，分、寸、尺、丈、引这一套长度单位正是借助了身体的一部分作为长度标准而建立的。

布手知尺，即伸出一只手，让大拇指和中指伸开，食指、无名指、小拇指蜷起来，大拇指指尖到中指指尖的距离就是一尺，现在我们俗称为"一搾"。尺的小篆体，就像张开手指在测量。目前发现的最早的尺子源自商代，长约16~17 cm，与中等身高的成年人的一搾基本相同。但是男女手大小长度不同，一搾怎么定义呢？在《说文·尺部》中有这样的记载："咫，中妇人手长八寸，谓之咫，周尺也，从尺只声。"也就是说把妇女的一搾称为咫，1咫等于8寸，也就是0.8尺。我们常用的成语"咫尺之间"，本义就是在0.8尺到1尺之间，意思是离得很近。

尺可能是人类历史上存在最广泛的长度单位，在我国还现存有市尺，古希腊和古埃及有腕尺（肘尺），古罗马有罗马尺，英国有英尺，法国有法尺，日本有菊尺、文尺，当然这些"尺"所选的标准并不相同。

布指知寸，寸是与尺基本上同时出现的长度单位，它是以手指的宽度来定义的。《礼记·投壶》记载："筹，室中五扶"，郑玄注："铺四指曰扶，一指案寸"，可见人们是以一指的宽度来定义一寸的。寸的小篆体，就像把手指按在手腕上，《说文解字》记载："寸，十分也，人手却一寸，动脉谓之寸口"，意思是说距离手腕一指宽的地方，称为寸口，现在中医把脉，仍把这里叫作寸口。从人体的比例来看，十指的宽度也与一搾的长度基本相同。

对于分的定义，有不同的说法。《汉书·律历志》记载："一黍之广……一为一分"，黍是一种粮食，现代俗称黄米，呈椭圆形，古人曾把一颗黍的宽度定为一分。《淮南子·天文训》记载："律之数十二，故十二蔈而当一粟，十二粟而当一寸"，粟就是今天所称的小米，这里又把小米的宽度定为一分。《说文解字》记载："十发为程，一程为分"，把十根头发的宽度定为一分。《隋书》引《易纬通卦验》云："十马尾

9

为一分"，把十根马尾的宽度定为一分。人发与马尾的粗细、黍与粟的大小都存在明显的差异，这样的标准选取其实也反映出长度标准的选取在历史上并不是一成不变的，而是会随着时代的发展有所差异。

十尺为丈，按照尺的定义，一尺大约16~17 cm，一丈就是160~170 cm，与一般成年男人的身高差不多，丈这个长度单位可能正是以人的身高为标准而确立的。

引这个单位最早见于《汉书》，《汉书·律历志》有载"十丈为引"。在一般的测量中，引这个单位用得比较少。

分、寸、尺、丈、引这些长度单位都是采用十进制，由于使用简便、进位合理，于是成为我国古代流传最广的长度单位制——"五度制"。历经千年，尽管朝代更替、风土变迁，单位量值在不同时期有所增减，但是这一套长度单位制却没有更改，成为各朝各代的法定单位，一直到中华人民共和国成立以后，才被米制取代。

除了"五度制"长度单位以外，在我国古代文献中出现的长度单位还有很多，如扶、寻、仞、常、墨等。在测量土地面积或长距离时，还使用步、硅、里等，《考工记》有载"野度以步"，《小尔雅》有载"跬，一举足也，倍跬谓之步"。除此以外，还有一些专用的长度单位用在一些专门的领域，如测量棉帛的单位，端、两、匹、幅、纯；再如专门用于建筑上的单位，版、堵、雉、几、筵、轨等。这些单位有的使用不便或者不够合理，也有的单位重叠，进制繁杂，还有的没有形成固定值，单位和单位之间没有建立联系，从而逐渐被淘汰或自行消失了。

1.5 其他文明的一些长度标准

以人体或其他自然物作为长度测量的标准和单位，在其他文明的发展历史上也屡见不鲜。

古埃及把指尖到肘的长度定为标准，称为肘尺或腕尺，埃及著名的胡夫金字塔就是以法老胡夫的肘尺为标准建造的，塔高300肘尺，约合147 m。古希腊把美男子库里修斯伸开双臂时，两个手指尖的距离定义为浔。古罗马的长度单位有指宽、手掌、足（脚）、步和罗马英里，较大的长度单位来源于行军途中，5脚为1步，1 000步为1罗马英里，约合1.5公里。10世纪时，英王埃德加把其拇指关节间的长度定为一英寸；英王查理曼把其足长定为一英尺（foot），约合12.7英寸。11世纪，英王亨利一世还曾把自己的鼻子到食指之间的长度定义为码。在16世纪的德国，英尺被定义为星期日礼拜完毕后，走出教堂的16名男子，高矮不拘，随机而定，各出左足前后相接取得此长度的1/16。长距离单位英里mile一词源于拉丁词语millia passuum，也即1 000个双步。

除了以人体或人体的某一部位为长度标准，选取生活中的谷物作为长度标准也是比较常见的情况。11世纪，德皇威廉一世宣布3颗大麦首尾相连的长度为1英寸。14世纪英王爱德华颁布法令，将3颗大麦首尾相连的长度定为1英寸，将36颗大麦首尾相连的长度定为1英尺。印度人将3粒大米首尾相连的长度定为1寸。我们平时买鞋，都要选择适合自己的尺码，如37码、42码，这个单位是民国时从欧洲传入的，42码就是42粒大麦首尾相连的长度。其他类似的单位和长度标准还有很多。

随着人类社会的发展、生产力的进步，人们对长度测量精度的要求越来越高。然而，无论是以人体或人体的某一部位作为长度标准，还是以某些自然物、人造物作为长度标准，都不可避免地面临一些问题和挑战，这个长度标准无法保证始终不变。以人体或人体的某一部位作为长度标准，不同的人、不同的年龄、在不同的环境下会存在一定的差异；以谷物为标准，在不同的年份，种子的大小也随雨量、天气、含水量的变化而发生变化，这些差异、变化在一些要求精度更高的社会活动中产生了很多问题和矛盾；以人造物作为长度标准，如骨尺、玉尺还面临着无法永久保存的问题，一旦这个标准物发生损毁，将给社会生产生活带来灾难性的破坏。因此，探索更稳定、更精确的标准就成为历史发展的必然。

1.6　利用声音确定长度标准

我国汉朝时，在"天人合一"这样的哲学理念的指引下，人们开始从自然现象中寻找能够作为长度标准的事物，并试图把长度、容积、重量的标准统一起来。当时的人们认为只有这样的标准才是"天意"，才是真正稳定的、永恒的，这是人类历史上第一次从自然标准向绝对标准的探索。

据《汉书·律历志》记载，"度者……本起黄钟之长，以子谷秬黍中者，一黍之广度之，九十分黄钟之长。""量者……本起于黄钟之龠，用度数审其容，以子谷秬黍中者，千有二百实其龠。""权者……本起于黄钟之重，一龠容千二百黍，重十二株，两之为两。"把长度、容积、重量与黄钟、累黍的关系都作了说明，黄钟管长9寸，以90粒黍横向排列起来作为印证，1粒黍就是1分，100粒合1尺。律管容积为810立方分，容纳1 200粒黍，合1龠，1 200粒黍的重量又合12株。这是我国历史上影响较广、争论也较激烈的一种度量衡标准——黄钟累黍之说。什么是黄钟呢？黄钟为什么会与长度标准建立起联系呢？

在我国古代，从国家政权建立开始就非常重视礼仪和音乐制度，礼乐成为政治生活中非常重要的部分。在探索音乐的过程中，逐渐形成了"十二律"的音乐理论，即一个八度内的十二个半音，用文字记为：黄钟、大吕、太簇、夹钟、姑洗、中吕、蕤宾、林钟、夷则、南吕、无射、应钟。黄钟是十二律中的首律，音调最低。凡奏乐曲，必先定调，要定调必先确立起始音黄钟宫的高低，为此古人又创造了两种音高标准器，一个叫作律管，一个叫作弦准。弦准很容易受大气湿度影响从而改变音调，因此人们往往先用律管来调音定调。律管是一端开口的管子，中间没有开孔。

古人很早就发现律管发出声音的高低与管子的孔径、长度有关，在孔径相同的情况下，管子越长，吹出来的声音就越低沉，于是，音律与长度便联系起来了。为了保证黄钟宫音管的稳定不变，古人严格规定了管长和孔径。在《吕氏春秋·适音》中记载有一段传说，黄帝命令伶伦制定音律，伶伦在昆仑山北面寻找管壁薄厚均匀的竹子，截取三寸九分做成律管。当律管吹出的声音与鸟鸣声一致，就把这一基音定为黄钟宫。那么如何根据黄钟来确定长度标准呢？如果我们选取相同孔径的律管，只要能吹出黄钟宫音，那么管子的长度也一定是相同的。新汉时期的王莽就是这么做的。他找来一群高明的乐师，反复测试十二律，不断调整律管的长度，直到每个音高都非常标准，然后将黄钟律管的长度定为9寸，有了寸的标准进而得到尺的长度。在古人看来，这个长度标准简直就是天赐的礼物。

然而，"音失之甚易，求之甚难"，把长度标准寓于无形的声音之中，在当时的技术条件下是很难复现的。在音乐实践中，标准黄钟音高很难做到稳定不变，它会受到吹口与嘴唇相对位置、吹气松紧等多种因素的影响。可见，用黄钟律管以及律管吹出音频的自然现象来定尺寸还是有很多技术规范无法解决，但是这种向绝对标准的探索，在我国历史上影响深远，也远远超前于世界其他文明。

1.7 第一代米原器

在现代科学出现之前，人们没有办法制定真正恒定或普遍的测量标准，在人类历史上长期使用的都是基于实物而随意制定的测量标准。几千年来，由于我国强大的文明生命力，整个封建社会，长期处于大一统的中央集权治理之下，虽经改朝换代，长度测量标准略有变化，但基本保持稳定和统一，直到米制的到来。

在西方出现了不一样的情况，早期欧洲包括长度标准在内的度量衡制度五花八门，纷繁复杂，人们对基本度量衡单位的起源一直争论不休。15世纪，欧洲不同国家和地区都在按各自的方式接受罗马计量单位，同时根据本地的需求和条件，对测量标准和名称进行改动。欧洲各国都有各自不同的商业环境，迫使人们不断适应和发明各种测量标准。

到了18世纪，西方资本主义处于鼎盛时期，国际交流日益频繁，科学技术突飞猛进。在第一次工业革命的浪潮下，欧洲的工业作坊对机器的依赖越来越多，包括蒸汽机、座钟、印刷设备等，复杂机械的普及对制造和维护的精度要求越来越高，从而导致对精密测量设备的需求。旧有的杂乱的计量标准成为沉重的负担，人们对测量的准确性、统一性的要求与日俱增。

17世纪法国科学院和英国皇家学会成立后，就开始向这个方向探索，在某些阶段这两个机构一起合作，试图找到某种恒定的现象，用于评估各种计量标准的精度，能够在各种计量标准遭到损坏、丢失、破坏后重建这些标准。

当时有两个候选对象，第一个是秒摆，往一个方向摆动一次用时1 s。

大约在1582年，年轻的伽利略就注意到教堂吊灯摆动的周期看起来与摆动的幅度或所悬挂的重量没有关系，只与摆长有关。这意味着，只要摆长相同，在地球的任何地点放置的秒摆，只要不受其他因素的干扰，摆动时间会完全相同。在伽利略时代，就有人注意到使用钟摆来定义长度单位标准的可能性。首次提出使用钟摆来定义长度单位这一想法的人是克里斯托弗·雷恩，其想法记载于1660年英国皇家学会的期刊中。这种标准与我国古代以黄钟累黍所制定的标准有着异曲同工之妙。之后不久，约翰·威尔金斯提出了一套系统的建议，即以1 s所对应的钟摆长度为长度单位的基础，并确立十进制的大单位和小单位。

另一个候选对象是地球子午线圈，或者说是穿过地球南北两极的大圆。也有人提议采用环绕地球赤道的大圆，不过丈量赤道难度更大，赤道仅仅穿过个别国家，而子午线圈却能穿过每一个国家。

1791年，法国科学院最终决定采用经过巴黎的子午线圈的长度的四千万分之一作为长度单位，并称之为"米"，这一称谓源自希腊语密特隆（metron），就是测量的意思。

法国科学院试图让其他所有国家都接受这样一个新的长度标准。1778年，为了推广新的测量标准，法国政府邀请其他国家参与完成新的计量制，总计有11个国家参与，共同研究创建新的计量标准。1799年，与会者形成了一份报告，确定了1/4个子午线圈的长度，"米"的长度基于这一长度数值。新标准用金属铂制成，标准米的名称为"米原器"，并交给了立法机构，这就是第一代米原器。

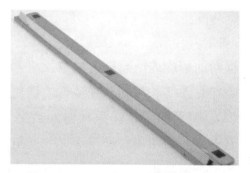

图1-3　第一代米原器

在法国科学院的努力下，欧洲终于迎来了基于大自然本身的测量标准。科学家们在会后感叹："即使发生吞噬大地的灾难，或者电闪雷击摧毁了创立的标准，我们的工作也不会白费，我们可以重建呈现在大家眼前的标准。我们应该上升到保护宗教的高度来保护这个标准。"从那以后，这个标准成了人们熟知的"米"的存档样本。

地球仍然不是最好的标准，不过暂时就这样吧！

1870年，现代科学最伟大的物理学家之一麦克斯韦在谈到测量基础时表示，"归根到底，地球的尺寸及其旋转时间，虽然相对于我们目前的比较方式还是比较恒定的，但在物理的必然性方面则不然。地球可能会因为受冷而收缩，或者因为落下的陨石而变大，又或者其自转速度可能逐步变慢，虽然它仍是一个基本与之前一样的星球，但是一个分子，如氢气分子，如果其质量或振动时间发生极其微小的变化，就不再是氢气分子了。因此，如果我们希望获得绝对恒定的长度、时间和质量标准，我们就不应该从我们星球的尺寸、运动或质量中去寻找这些标准，而是应该从那些永恒的、固定不变的以及完全相同的分子的波长、振动周期和绝对质量中去寻找"，他在《电磁学通论》一书中也明确指出，米实际上并不是子午线圈的四千万分之一，事实上只是保存在巴黎的某种标准长度而已。"这一标准米从未依据新发现的以及更为精确的地球尺寸进行校准，子午线长度反而是根据这一米原器来估算的。"

尽管人们已经意识到，取地球子午线圈的长度作为长度标准存在问题，但是当时的科学技术水平，还不足以实施麦克斯韦的想法，无法找到更可靠的标准。而且，当时的情况，相对于稳定的标准而言，在国际实现标准的统一显然更加迫切。

1872年，国际米制委员会召开，30个国家出席了会议，成员们建议建立一个真正的国际组织，即"国际计量局"，负责制作和保存新的标准具，校准其他国家的器具，开发相关仪器，并规定每六年举行一届国际计量大会。

1875年5月20日，包括美国在内，17个国家签署了米制公约。尽管协议并没有提到关于自然标准的想法，但是这远没有达成世界性的统一标准重要。《自然》评论说，最重要的是，全世界共用一个米，分发给各国的所有复制品应当与标准具完全相同。

1886年，一家法国公司将一些合金材料切割成米制标准具的长度，国际计量局的科学家们从中挑选出标准具——国际米原器。这是法国人制造的第二代米原器，仍然与第一代米原器等长，但是更换了制造材料，使用了更加坚硬的铂铱合金，结构上也进行了调整，截面设计成了稳固的X形状。

　　1889年，国际计量大会召开，承认不再以穿过巴黎的子午线圈的长度的四千万分之一作为米的定义，而是直接采用之前的第一代米原器。这样，长度标准又从自然标准退回到以人造物为标准。但是人类向自然标准的追求并没有停止。

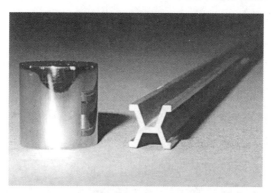

图1-4　第二代米原器和千克原器

1.8　向绝对标准继续探索！

　　数世纪以来，各国科学家们都在努力寻找一种"符合天意"的、绝对的、永恒的自然标准。我国古人试图以声音的高低来标定长度标准，法国人试着将"米"与地球的体量挂钩，英国人试着用秒摆来定义长度单位。但是由于时代的局限和科学技术的落后，均以失败告终。随着现代科学的发展，到了19

世纪，人类终于看到了实现绝对标准的曙光。

19世纪60年代，麦克斯韦的电磁综合理论大获成功，科学家们开始慢慢认识到，米最终能与某光谱线的波长绑定。麦克斯韦预言，人类能获得的最普遍使用的长度标准应当是某种分布广泛的、有如钠原子一样的物质放射的某种光线在真空中的波长。

1872年，国际米制委员会的美国代表查尔斯·桑德斯·珀斯开始寻找自然标准的方法。珀斯对光谱学的研究开启了将米与光波整合在一起的先河。整合原理非常简单，而且只涉及两种测量。第一种是测定一束光线穿过衍射光栅后的偏向角，第二种是确定光栅线的间距，这两个量与光波波长的关系可以将米与光波连接在一起。不过他的设想也并非完美，这一设想基于光波长必须是恒定不变的。

珀斯的工作对阿尔伯特·迈克尔逊和爱德华·莫雷的研究起到了进一步推动的作用。1887年，对光速的实验取得成果之后，迈克尔逊和莫雷主导了波长的初步测定。1892年，在实验中，迈克尔逊发现，钠的光谱线为两条光谱线的复合线，它们在敏感的干涉仪上形成了许多模糊的条纹，导致测量等级无法达到预期精度。随后，迈克尔逊开始寻找新的更为清晰的光谱线。他最终选定了镉的红色光谱线，精度达到米的千万分之一。1906年，法国科学家夏尔·法布里和阿尔弗雷德·佩罗对迈克尔逊的干涉仪做了多项改进，重新测定了镉的光谱线，他们获得的精度达到了当时人造计量标准能够达到的最高值。镉成为国际计量局和科学家们选择终极自然标准最有可能的对象。

然而进一步的研究发现，光比人们预想的要复杂得多。

自然界中存在的元素都有一串同位素，同一元素的不同同位素原子结构的差异，以及原子核的磁特性都会导致光谱线变得模糊。于是科学家们开始努力寻找一种同位素不多、原子序数为偶数的重元素。

新的突破出现在人们能够分类出大量元素的单一同位素，尤其是德国分离出氪-84和氪-86之后。氪是一种无色无味的惰性气体，氪-86是氪的一种同位素，原子核里有36个质子和50个中子，科学家用氪-86制造原子灯，让电子在两个特定能级之间跃迁，会产生一种橙黄色的可见电磁波，这种电磁波在真空中的波长乘以1 650 763.73，非常接近地球子午线圈长度的四千万分之一，与地球子午线圈或赤道的长度相比，氪-86电子跃迁产生的电磁波长要稳定得多。

1960年，第11届国际计量大会认为，现行的"米"的定义精度不够，不能满足需求，希望能采纳一种自然的和坚不可摧的长度标准，大会做出决议，米的长度等于氪-86原子在两个特定能级之间跃迁的辐射在真空中波长的1 650 763.73倍。

长度标准终于又和自然标准联系了起来，自此一直在长度计量机制内发挥重要作用的国际米原器变成了历史文物，新的长度标准广泛存在，不受地域限制，到处都可以复现，各国再也不用前往国际计量局校准长度单位了。

米的新标准在当时引起了广泛关注，普通人对这样的标准产生了极大的困惑。一些报刊上评论："对这一重要的事件，老百姓根本无法掌握，甚至无法理解。"让色盲女裁缝悲哀的是，原先她可以用软尺量体裁衣，可现在她根本辨不清"橘红色的光波"。这反映出，随着科技的进步，长度测量标准的确立变得越来越精确、越来越复杂，逐渐脱离了普通人的生活。

1.9　"米"的终极定义

对长度自然标准的探索仍未结束，随着激光技术的发展和进步，科学家可以测量在原子转变和分子转变时稳定的激光辐射的频率，通过测量这些辐射的波长，进而可以根据当时最新的米和秒的定义推导出光速的值，大约为299 792 458 m/s，爱因斯坦的相对论告诉我们，光速在真空中是恒定不变的，真空中的光速应该是一个完全精确的固定值。然而，实验室中测量到的光速是一个近似值，这个近似正是由于米的定义不够精准而导致的，换句话说，用不够精确的米来表达光速，测得的结果也必然是不够精确的，因此完全可以对米做出新的更加精确的定义。

1975年，第15届国际计量大会做出决议，真空中的光速为299 792 458 m/s。在此之前，物理学家们已经达成了共识，光速是宇宙中最快的速度，而且在真空中光速是不变的，光速的大小成为自然界永恒不变的常数。

1983年，第17届国际计量大会给出了米的新定义："光在真空中行进1/299 792 458秒的距离"为一标准米。这是第一次直接参考到基本物理常数的定义方式，我们终于实现了麦克斯韦关于测量标准的想法，这也为其他物理量测量基准的定义指明了方向。

1.10　单位混乱带来的问题

在米制公约出现之前，长度单位的不统一给人们的生产生活带来的困扰比比皆是，因此在米制公约建立之后，很多国家依靠行政命令，实现了由本土单位制向国际公制单位的转变。新中国成立初期就全面接轨了国际标准计量制度，英国于1995年完成了由英制单位到国际单位制的转换。然而由于一些历史原因，仍然有很多国家至今沿用本土单位制。例如美国目前流行的还是英制单位，英里、码、英尺、英寸，这很大程度上是由于历史的惯性造成的，人们已经熟悉了一套单位制度之后，再想改旗易帜，不仅需要社会的方方面面做出改变，人们的思想、认识也要发生改变，这是相当困难的。但是在这个全球化的时代，特立独行地用一套与世界没有接轨的单位制显然也会降低与世界其他国家交流合作的效率。这种纠结的心态在美国商品包装袋上可以一窥端倪，包装上面的标志往往是用公制和英制两种单位分别标注的，这是一种不得不采取的折中做法。

　　1999年4月15日，一架大韩航空的货机从上海虹桥机场起飞，目的地是韩国首都首尔，飞机起飞3分钟后，突然在上海莘庄坠毁，机组人员3人全部遇难，造成地面5人死亡，40人受伤。在调查事故原因的过程中，调查人员发现，罪魁祸首就是单位的混乱。在航空界，米制单位和英制单位是共存的，不同国家可以根据自己的情况选择，大韩航空主要以英尺为单位，只有首尔到上海的这条航线选择了以米为单位，因此，只要是飞这条航线的飞行员都要经过特别培训。然而调查显示，涉事的两名飞行员显然没有把这个问题放在心上，飞机起飞之后，按照塔台要求，飞机要爬升至1 500 m的高度，副机长看到飞机高度表上显示的是4 500，大吃一惊，立刻提醒机长，机长毫不犹豫地推动操作杆降低了飞行高度，从而导致了飞机的坠毁。而当时飞机高度表上的单位是英尺，4 500英尺也就是1 370 m，还没有达到要求爬升的高度。这样的事故也在向世人昭示，实现本土单位制向国际单位制的转变将是历史的必然，哪怕现实中要面对再多的阻力。

1.11 最小的物体有多小？

在介绍小尺度的物体之前，我们先了解一下"米"单位制下的一些比较小的单位。毫米（mm），即10^{-3} m，是我们生活中经常接触到的尺度，再小的单位依次有微米（μm）、纳米（nm）、皮米（pm）、飞米（fm），它们的进制都是10^3，1μm等于10^{-6}m，1 nm等于10^{-9} m，1 pm等于10^{-12} m，1 fm等于10^{-15} m。

"一尺之棰，日取其半，万世不竭"，这句话包含了我国古代先哲对组成物体最小单元的探索。实际上，物体的最小单元是什么，这个问题在古代是无法找到答案的，毕竟人类凭肉眼能看到的最小物体也在0.1~0.2 mm左右，头发的直径大约是0.06mm，即60μm。光学显微镜的发明大大提高了人类眼睛的分辨能力，大约可以看到0.01 mm大小的物体，即10μm大小，这个尺度大约就是细胞的大小，细菌的直径大约是0.5~1μm，中型病毒的直径约0.1μm，即100 nm，这已经超出了光学显微镜能看到的极限。然而这还远远不是最小的物体。我们知道原子是化学反应中不可再分的最小微粒，那么原子有多大呢？直径大约10 nm！一粒沙子的百万分之一，这个大小已经小于可见光的波长，光学显微镜已经束手无策了，依靠扫描隧道电子显微镜才可以看到。1989年，IBM公司阿尔马登研究中心的科学家首次操控35个原子，拼写出了"IBM"的字样。

原子内部还有结构，原子由带负电的核外电子和原子核构成，电子的直径在10^{-15} m数量级，即1 fm，原子核的直径在10^{-15}~10^{-14} m之间，原子核内部还有质子和中子，质子的直径约为1.6~1.7×10^{-15} m，中子的直径约为1.6×10^{-15} m，这个尺度已经超出了几乎所有显微镜的分辨能力了。根据现代物理的标准模型，电子、中子、质子这些亚原子粒子仍然存在内部结构，它们由各种夸克构成，6种夸克分别是上夸克、下夸克、顶夸克、底夸克、奇夸克、粲夸克，夸克的大小在10^{-19} m数量级。当然，除了夸克还有其他基本粒子，如轻子、传播子等。以目前的技术，我们是无法直接观察到这么小的物体的，只能通过一些反应、效果对它们进行探测。

1.12　神奇的纳米

与长度计量的其他单位相比，纳米是一个很特殊的存在，在生活中经常可以听到"纳米技术""纳米材料"这样的宣传，那么纳米究竟有什么特殊之处呢？1 nm等于10^{-9} m，这个尺度与原子的大小相当，在扫描隧道电子显微镜发明之后，科学家可以操纵原子大小的物体，并很快在研究中发现，当一些物质的尺度大约在1~100 nm时，会出现一些与宏观体积的材料截然不同的电学、力学、磁学、光学、热学等特性。这引起了各国科学家的广泛关注，并开始研究这些特性，尝试制造一种新型的材料应用到生产生活中去，这种材料被统称为纳米材料。在1~100 nm的范围内，研究物质的特性和相互作用规律，包括对原子分子的操控，进而制造纳米材料实现一些新的功能和应用，这种技术被称为纳米技术。

在纳米技术出现之前，材料的种类是有限的，原本普通的材料通过纳米技术实现与纳米材料的融合，就可以得到不同特性的特殊材料，因此纳米技术极大地拓宽了材料研究和应用的范围。纳米材料往往具有"更轻、更高、更强"的特点，利用纳米技术可以制备具有相同功能或更强功能但是体积和重量大大缩小的器件。计算机从20世纪中期的庞然大物逐渐进化为现在的桌面设备，这里就有纳米技术的推动。我们常谈论到的电脑、手机芯片的制程为28 nm或14 nm，就是纳米技术在微电子领域的应用。把纳米颗粒放入常规的陶瓷中，陶瓷不仅硬度高，还具备与金属相似的强韧性，在室温下可以弯曲，但不脆裂。由石墨原子层卷曲制成的碳纳米管，韧度高，强度高，而密度仅仅是钢的六分之一。中国科学院化学所曾利用纳米技术研制成功一种超双疏性界面材料，它最大的特点就是超疏水性和超疏油性。这种材料，如果用来做成衣服，耐脏耐油，不需要洗涤；如果用在玻璃表面，则可以达到不结霜不起雾的效果。在医学方面，利用纳米技术可以制造纳米"潜水艇"或纳米机器人，这样的机器人可以潜入人体的血管中，随血液流到全身后，针对病灶如脂肪堆积、血栓等进行瞄靶式的针对处理。利用纳米技术还可以制造一些微型机器人、飞行器或卫星，根据需要它可以具备拍照、感知、攻击等能力，在通信、探测、军事等方面有着广阔的应用前景。

　　纳米技术已经改变了我们的生活，未来随着技术的进步，纳米科技将渗透我们生活的衣、食、住、行、医疗等方方面面，纳米技术将使我们的生活更美好！

2

质量

2.1　为什么选质量作为基本物理量之一？

说起质量，似乎是个大家都很熟悉的物理量，知道一些物理基本知识的，都听说过质量这个物理量。1960年第11届国际计量大会通过的国际单位制，将质量确定为七个基本物理量之一，其名称为质量（mass），简写为M或者m，其国际单位名称为"千克"，符号为kg，并做了文字定义：1千克等于国际千克原器的质量。

翻阅文献我们会发现，最初定义的质量单位，是在米的基础上规定的，即规定1 dm^{3}的纯水，在4℃的时候质量为1 kg。既然是在规定了长度单位的基础上来规定质量单位的，为什么还会选质量作为基本物理量呢？

首先一个可能的原因是，物理学始于质量这类抽象概念的创造。

物理学是怎么开始的呢？事实上，物理学家一直都试图用物理学理论解释现实世界，这些理论不仅仅是一系列定律的集合，它更是人类对于一些感官世界的主观感受并进行再创造的结果。比如，三棵树和两棵树有何不同？两棵树又不同于两块石头，2、3、4这些数字的概念是对它们所属物体进行抽象后得到的。物理始于质量，力和惯性是这些抽象概念的创造，它们也导致了机械观的形成。

我们在选长度作为基本物理量之一的同时，也规定了质量作为基本物理量之一。我们最初用了4℃时候的水来规定标准千克，这是因为在不同温度下的水的密度不同，可我们没有用密度作为基本物理量，究其原因，还是因为人类在质量上的获知，来源于更为直觉的感官。人们看见一把椅子可以坐上去，看见锅里的馒头可以拿来吃，但是看见海市蜃楼，就算弄清了是怎么回事，却怎么走也走不到。所以人们更倾向于用能够直观感知的事物作为基本的理论支撑。很明显，密度需要测量，它不是人体的五大感官能直接感受到的，也不是人的感觉系统能够直接察觉到的，以至于我们现在还经常需要通过质量来计算物质的密度。

最初人对于质量的感知，是通过"沉重"这一描述，艾萨克·牛顿就使用拉丁单词"gravitas"表示"沉重"，不过他是用这个单词来命名现今的引力（gravity），并且定义了万有引力定律。很明显，"沉重"其实跟今天人们常说的"重量"一词很相近，但"重量"不是"质量"。不过在牛顿之前还真没有什么人去区分过它们，要知道那时连"质量"这个说法都没有，比牛顿更早的伟大的物理学家伽利略·伽利雷虽然有个著名的比萨斜塔实验去说明"物体下落的快慢与质量大小无关"，但当时伽利略在论述他的观点时用的也是"物重"，"在没有空气阻力的情况下，重的物体和轻的物体下落一样快"。

图2-1　伽利略画像　图2-2　比萨斜塔演示自由落体的实验

重量当然不是质量，这是每一个学习过初中物理知识的人都知道的。重量和质量的差别是很大的。

首先，重量是个日常概念，对应的科学概念应该是"重力"。"重力"在中学课本中定义为"因为地球吸引而使物体受到的力"，并且会说明这是根据力产生的原因而进行命名的一种基本的性质力。但随着人们对物理量认知的深入，慢慢我们会知道重力其实只是地球给物体吸引力的一部分，另一部分可以看成是让物体跟着地球一起绕地轴转动的向心力。所以重力的命名，应该说是日常生活中物体给我们的感觉体验上的沉重感，从这个角度讲，它应该是按作用效果来命名的一种效果力，与支持力、阻力、动力、向心力的命名方式一致。我们也由此可以知道，概念虽然是人类理解中最稳定的结构，但在我们成长的过程中，在社会的变迁中，我们的概念或者说对概念的理解仍然处于不断的变化之中。我们可以看到身处的星球不同，或者即便就在地球上，但身处的纬度不同，同一个物体的重力也可能是不同的。"重量"或者说"重力"，这个物理量具有这样大的不确定性，自然也就不能作为基本物理量之一了。

那么，质量究竟是什么呢？说到质量的定义还是要说回牛顿，是他第一次定义了"质量"这个概念。

2.2　质量和力——是先有鸡还是先有蛋？

在科学革命时代，随着仪器的改进和实验的翻新，我们需要新名称来命名新事物，大量的新名称涌现出来。通常情况下，单纯增加一些新名称，并不会涉及我们对世界的理解，也不会导致语言的生成变化。但是，为了解释新的现象，建构新的理论，科学家有时必须改造旧的概念，营造新的概念，用一种新的整体观念去引导创造某种理论来重新描述这个世界。质量就是牛顿对惯性概念的重构。科学术语要的不仅仅是定性，更多的是可以精确测量。那些可以精确测量的概念，渐渐成为最重要的概念，科学家用公式来描述这个世界，公式这种数学的描述不同于我们通常所说的那些有声有色的文学描述，而是去描述背后的规律。科学革命见证了这样一个基本的转变，人们过去对待数学分析主要保持操作态度，而现在，则以一种更富于实在的态度取而代之。数学分析揭示的是事物的必然如此，对物理世界的基本理解也因此转变，所以我们也就不难理解为什么笛卡儿把"广延"作为物质世界最基本的属性，因为它们最适合测量，这一特点使它们成为最终的解释者，长、宽、高是本质的东西，而爱与恨是副现象，然而挑选哪些表示维度并因而可以测量的概念，只是科学概念数学化的另一个方面。在这个巨大的转折中，牛顿起到了关键作用。

　　1687年，牛顿的《自然哲学的数学原理》（后面出现时均简称为《原理》）首次出版，该书提出了力学的三大定律和万有引力定律，从而使经典力学成为一个完整的理论体系。全书分为五部分，第一部分是写在正文前面的一篇"说明"，对书中用到的一些概念，诸如力、天体、力学、运动、"物质的量"等给出了定义和必要的说明，而第二部分是"公理和运动的定律"，详细介绍了物体运动的三大定律：惯性定律、力和运动关系的定律、作用和反作用的定律。现在我们知道，牛顿在《原理》一书中所说的"物质的量"即今天所说的"质量"，我们还知道质量是惯性的唯一量度。

当年伽利略创造性地提出了"惯性"这个概念。惯者，一以贯之也。可以简单地理解为：物体（无论是运动的还是静止的）始终想要维持原来的样子，直到外力改变它。开普勒也同样把惯性理解为"对变化的抵抗"。但到这里为止，惯性这个概念还很难被完全理解和把握，因为它缺少感性，和我们具有的生活常识明显分离，更不用说怎样去定量地使用它。

　　而在与惯性定律相联系之前，牛顿说："物质的量是物质的度量，可由物质的密度与体积求出。"显然这个概念等于是说"质量是指物体含有多少物质，或者物质的数量多少"。那个时代由于科学发展的限制，物质的概念被认为是不说自明的，正是因为这个原因使得"物体所含物质越多物体惯性越大"这条经验定律游离于物理学之外。牛顿很快在第二运动定律中提出，"要改变物体的静止状态（或匀速直线运动状态），需要在与加速度相同的方向上施加与加速度成比例的力，比例常量是物体的惯性质量。力等于质量乘以加速度，即 $F=ma$"，这里的质量即惯性质量，质量正式成为阻挠速度变化的量度。这里牛顿第一次区分了重量和质量。在我们平常人眼里质量就是重量，两者是一回事，而牛顿却另立一个与重量相区别的质量概念，两者有什么区别呢？重量是可感的；质量则是阻碍物体运动状态变化的一个抽象量，无法直接经验得到。质量是一个纯理论的量，由牛顿为其力学体系的需要所创制。这个理论创新对牛顿力学的建构具有决定性作用，实际上《原理》一书正是从对质量的定义开始的。

　　科恩把质量概念称为牛顿所发明的"物理学的主要概念"。就我们的考察来说，这种单纯为理论建构的概念具有特别的意义，因为它特别标明了科学理论和常识的分界。在这里牛顿给"力"下了一个明确的定义，几乎完全重新定义了"加速度"，也创造了"惯性质量"的概念。在这个创造中，究竟是先有力的概念，还是先有质量的概念呢？这就像是在问"先有鸡还是先有蛋"的问题。科学是否更好地接触了自然的真相？或者自然界的真相并不是像牛顿定义的那样，而是牛顿的术语适合让我们看到自然的某种真相。

2.3 怎样测量质量?

我们经常会用秤去称量一个物体有多重，看到这里是不是马上有人说，这不是把质量和重量混淆了吗？我们不能用秤，那用什么？又有人说，中学课本里说用天平，天平是专门测量物体质量的仪器。如果用天平，那么和用秤，不管是杆秤、弹簧秤，还是电子秤，有本质区别吗？常见的等臂天平不过也只是一架等臂的秤，在地球上使用天平，依靠的也不过是地球对物体的吸引力，这个力让物体有了下坠的效果，没错，这就是一种"沉重"。用天平直接测量的依然只是重力，不过是利用杠杆原理跟标准砝码进行比较，说是比较质量，其实直接比较的还是力，把一架天平拿到绕地球转动的太空舱里，在完全失重的环境下（重力或者说地球引力完全去充当物体绕地飞行的向心力去了，因此失去了下坠的效果），不管你在砝码盘里放什么，它都飘着，这时，质量是没法用天平测出来的。或者说，这些各种各样的秤，实质上都是"重力计"，而并非"质量计"。在日常生活的环境里，由于同等条件下两个物体的重力和它们的质量通常成正比，所以我们会利用它们来测量物体的质量。

生活中有许许多多测量质量的工具，不过我们现在需要的是实质上的"质量计"。因为惯性是物体的固有属性，而质量是惯性的唯一量度，在相当长的时间里，人们都认为，物体所含物质的多少即质量，而质量是不变的。所以我们要寻找的是无论物体处于何处，都能用的测量方法。

其实寻找测量的方法并不困难，科学家根据"质量是阻挠速度变化的量度"的理解，设计制作了定量测量质量的仪器——惯性秤，即利用惯性来测量质量。假如两个完全自由运动的物体对于一给定的力做出相同的反应，使它们的运动发生相同的变化，那么它们具有相等的质量。也就是说它们具有等量的物质。惯性秤的原理就是利用惯性对一给定力的抵抗作用进行测量。

秤的一端夹在桌子上，另一端的盘能够在水平方向发生振动。振动频率与两根金属支撑片的长度和倔强性有关，还和盘及放在盘上的物体的总质量有关。由于是支撑片提供了使盘和盘内物体在水平面上发生快慢振动的力，所以惯性秤的作用与重力完全无关。盘和盘内物体的质量越大，它们运动的变化就越慢，经过一次完全振动所需要的时间就越长。借助于同

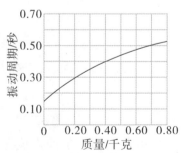

图2-3　惯性秤与惯性秤数据曲线图

质量已知的物体的振动周期进行比较，就可以测量待测物体的质量。

　　我们取若干质量已知的物体，将其振动周期作为质量的函数绘成曲线，然后测出待测物体的振动周期，它的质量就可以从图中读出。因为盘的质量是常数，在绘图和作图时可以不考虑。如果物体的质量和其在惯性秤上的振动周期数值的平方成正比，图线将是一条直线，实际上它们的关系也可以用下列方程式表示：

$$\frac{m_1}{m_2} = \frac{T_1^{\,2}}{T_2^{\,2}}$$

　　其中m_1和m_2是两个质量（这两个质量都包括盘的质量在内），T_1和T_2分别是各自的振动周期。通过这样的实验，我们也可以很容易地得出结论，质量确实是物体惯性的量度。

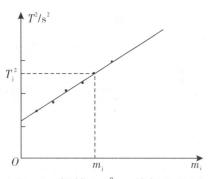

图2-4　惯性秤T^2-m数据曲线图

　　惯性秤测量质量的最大特点是用振动法来测定物体的惯性质量，测量时秤台一定要严格地保持在水平方向运动，这样就能避免重力对运动的影响。不过由于仪器尺寸的限制，所测量的物体的质量也不宜过大。实际上现在不少大学的物理课程里也都开设了惯性秤测量质量的实验。

　　我们依据惯性的概念设计了测量质量的仪器和方法，因此更准确地说，我们用惯性秤测量的是惯性质量，就是把惯性定量化。

那么，除了惯性质量，还有其他的质量吗？

2.4 惯性质量与引力质量相等是偶然的吗？

牛顿在其总结的牛顿第二运动定律中所用"质量"的含义为，质量等于一个物体所受的净力与它的加速度之比。这种质量涉及物体的惯性，所以称为惯性质量，它可以用下列式子表示：

$$m_{惯性} = \frac{F_净}{a}$$

惯性质量等于施于物体的净力除以该物体的加速度。

更具普遍性的质量的定义是："某质点仅与标准质点相互作用时，其速度变化与标准质点之速度变化的负比值就是所测质点的质量。"该定义是奥地利物理学家马赫于1867年在《关于质量的定义》一文中首次提出来的，严格来说这样的定义就是在说惯性质量。惯性质量可以用惯性秤来测量，简单来说就是对该物体施加一个力，然后用惯性秤测量出它的加速度。物体的惯性质量越大，力对它的影响就越小，它在力的作用下所产生的加速度也越小，因此物体的惯性质量量度了物体对各种力的抵抗作用（即惯性的大小）。而牛顿在《原理》一书中的第五部分导出了万有引力定律，并以大量的自然事实来说明万有引力的存在，这些自然事实包括月球运动的偏差、海洋潮汐的大小变化、岁差的长短不一等。牛顿的万有引力定律$F = \frac{Gm_1m_2}{r^2}$中也包含了质量，但这是不同类型的质量，它用于确定两个物体间引力的大小，只要测出另一个质量为m相距r的物体对该物体产生的引力，就可以按照下面的式子确定该物体的引力质量：

$$m_{引力}=\frac{r^2F_{引力}}{Gm}$$

物体的引力质量等于两物体距离的平方乘以万有引力，再除以万有引力常量与另一个物体质量的乘积。它是一物体与其他物体相互吸引的性质的量度，物体如果放在地球上，自然就是物体与地球相互吸引的性质的量度。所以也有一种看法认为，用天平测量物体可以看成是在测量质量，不过天平测量的是物体的引力质量。

那么，这两类质量有何区别？

牛顿认为惯性质量和引力质量在数值上是相等的，这个假设称为等效原理。爱因斯坦也对这个等效原理产生了极大的兴趣，并且将它作为他的广义相对论的基本假设之一。

爱因斯坦为研究引力质量和惯性质量的等效性，设计了一个思想实验：有两个同样的密闭舱，如图2-5所示，密闭舱A静止在地面上，处于重力加速度为g的引力场中；密闭舱B处于无引力的空间，以加速度a向上运动且加速度a=g。设A，B两个密闭舱中的观察者质量都是m，这时我们会发现观察者与地板

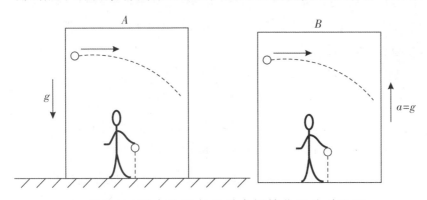

图2-5　引力作用与无引力惯性作用的对比图

的作用力都等于mg。若观察者放开手中的苹果，均可观察到苹果以加速度g下落。如果有一质点以同一初速度横向穿入密闭舱，两观察者均可见其运动轨迹为抛物线，只是A处为引力作用，B处为惯性作用，观察者均无法判定自己是在引力场中，还是在加速运动的"惯性力场"中。因此可以得出引力质量和惯性质量是等效的结论，这就是广义相对论中的一个基本原理——等效原理。

如果我们现在只是把引力质量和惯性质量的相等解释为偶然，那么会有人不服气。因为科学发展总是遵循理性的模式，一个能解释引力质量和惯性质量的等效性的理论，肯定是要优于仅仅将它们的相等解释为偶然，更何况惯性质量和引力质量的等效性是现代物理学中广义相对论构想的基础，所以我们有理由在这里对它进行更仔细的考察。让我们回想，或许在很久以前，当伽利略进行那个从塔上抛下不同质量的物体的古老实验的时候，答案就已经出现了。不同质量的物体从同一高度落下的时间总是一样的，也就是说下落物体的运动与质量无关。要想把这个简单但非常重要的实验结果与两种质量的等效性联系起来，我们还需要进行一些推理："一个静止的物体受到外力的作用之后开始运动，并且达到一定的速度，它抵抗运动的程度与它的惯性质量有关。质量大时，便不容易动；质量小时，则容易动。"不十分严格地说：物体对外力的响应程度取决于它的惯性质量。如果地球以同样的力吸引所有的物体，那么惯性质量最大的物体将比其他任何物体都要下降得慢。然而事实并非如此，所有的物体都以相同的方式落下。这意味着地球必然是以不同的力来吸引不同质量的物体。现在地球以重力吸引一块石头，对它的惯性质量一无所知，地球的"召唤力"

取决于引力质量，石头的"响应"运动则取决于惯性质量。由于"响应"运动始终是相同的——从同一高度下降的所有物体都以相同的方式下降，我们必然可以推出引力质量和惯性质量相等。同样的结论由物理学家表达就更具有学究气了："下落物体的加速度与其引力质量成比例增加，与其惯性质量成比例减少。那么，因为所有的下落物体都具有相同的恒定加速度，所以这两个质量必定相等。"

2.5　质量的国际单位是什么？

《原理》一书中牛顿是这样给质量定义的："物质的数量（质量）是与其密度和体积成正比的量。"

很明显，从这个定义我们只能看到若某种物质的体积加倍，其质量也加倍，但在质量的单位上未作任何限制。也确实在很长的时间里各个国家使用过各种各样的质量单位，比如英、美两国采用的磅，英制的盎司，俄制的普特和不少国家采用的公斤，还包括我国采用的市斤、两、钱等等。随着科学技术的发展，科学家有了新发现后，就要将他的研究成果与其他科学家进行交流。在科学交流过程中，就必须使用合适的度量单位，特别是随着世界经济文化多方面多领域的全球化合作，这种度量制上的统一就显得更为迫切。那么大家都公认的质量单位应该是什么呢？对于科学界的同行们来说，牛顿是一头"狮子"，他以他的"利爪"而闻名世界，牛顿第一个创立了伟大的经典物理理论体系。在《原理》一书出版后近两百年的时间里，牛顿的理论决定了物理科学的发展。或者因为这个原因，人们去翻看牛顿的《原理》一书，在牛顿依据理论假设得出的结论与实验数据相对比时，需要进行定量比较，就得引进力与质量的各种量度单位。其中，长度通常用米、厘米来量度，而时间用秒来量度。在牛顿的定义中，如果质量用克，则力用达因（dyn）；如果质量用千克，则力用牛顿（N）。即我们今天普遍知道的，1 N的力能使质量为1 kg的物体产生1 m/s^2的加速度；而如果使用1 dyn的力则能使质量为1 g的物体产生1 cm/s^2的加速度。很多时候我们不知道是从1 N大小的力这里定义了质量的单位1 kg，还是从质量单位1 kg这里去定义了1 N的力的大小，但至少通过这个描述，结合最初是用一定体积的水来定义单位质量，我们知道质量单位用"千克"时长度单位应该对应"米"。

虽然牛顿早在1687年就在《原理》一书中提出了质量的定义，并定义了力的单位"牛顿"，但是今天公认的国际单位制（国际代号SI）却是在1960年第11届国际计量大会上通过的。那时候提出论证两种质量等效的思想实验的爱因斯坦也已经去世五年了。现代度量制由国际科学协会负责定义和管理，SI制则由坐落在法国塞夫勒的国际度量衡标准局负责管理。该局与美国马里兰州葛底斯堡的美国标准技术协会共同保存着长度、时间和质量的标准，即制作与校正米尺、时钟和秤的标准。早在1791年，法国为了改变计量制度的混乱情况，在规定了长度单位米的同时，还在米的基础上规定了质量单位，即前文所说的4℃的1 dm^3纯水的质量为1 kg，并且用铂制作了标准千克原器，保存在法国档案局，因此这个标准千克原器也叫"档案千克"。1872年，科学家们又通过国际会议，决定以法国档案千克为标准，用铂铱合金制作标准千克的复制品，分发给其他国家作为标准件。1883年，在众多复制品中选了一个与"档案千

克"质量最为接近的作为国际千克原器，保存在法国巴黎国际
计量局。1889年，第1届国际计量大会批准以这个国际千克原
器作为质量的标准。

　　国际千克原器——这个1千克质量的实物基准，是一个特
制的直径为39 mm的铂圆柱体。过去我们都是用它来标定"千
克"刻度的，全球各地还有许多复制品，我们用它们来确保整
个世界依循同一个度量系统。但是如果作为计量标准的国际千
克原器本身的质量减少了，事实上它的质量确实有所减少，近
年来科学家发现它的质量大约减少了5×10^{-5} g，相当于一小粒
沙子的质量，但即使它的质量减少了，它仍然要作为1 kg重的标
准物。这意味着万物都要根据它来调整。还有一种情况更加糟
糕：如果它不见了，人类世界的计量系统就会陷入一片混乱。
而且在日常保管中，保管人也要十分小心，以避免它沾染到皮
肤上的油脂，因为这会改变它的重量。这些情况都使这个计量
标准显得不稳定。因此全球顶尖的计量科学家已经为此做出改
变：采用自然基准，即使用基本物理常数来取代千克实物基
准，让质量单位的稳定性不会受到时间和空间的影响，并且使
质量单位定义可以通过量子技术等在内的新技术复现，这个改

图2-6　巴黎郊外地下室的国际千克原器与标准千克

变已经于2019年5月20日生效。新的国际单位制的"千克"定义如下：对应普朗克常数为6.626 070 15×10⁻³⁴ J·s时的质量单位。

1900年，德国物理学家马克斯·普朗克在解决黑体辐射问题的困扰时，假定物质辐射（或吸收）的能量不是连续的，而是一份一份地变化的，只能取某个最小数值的整数倍，这个最小数值被称为"能量量子"，其能量大小与辐射频率成正比，这个比例系数h被普朗克称为"基本作用量子"，后人改称为"普朗克常数"。后来普朗克提出的能量子假说逐渐被其他物理学家所接受，也以此宣告了量子物理学的诞生，普朗克常数也成为量子物理学中一个起着关键作用的常数。

用普朗克常数重新定义"千克"后影响最大的还是计量测试领域。首先再也不用担心国际千克原器的实际质量发生改变会影响整个世界质量量值的准确性，也不用害怕国际千克原器丢失或者损坏会给全世界质量量值统一带来毁灭性的灾难。其次，全世界的质量量值溯源和传递制度将发生改变，从而改变现有国际计量格局和计量工作体系，"千克"新定义生效后，可以将相关的质量基准送到所在国的国家计量院或次级校准实验室进行校准。目前"千克"的新定义并不会给人们的日常生活带来明显的变化，它只会在高科技领域带来变化。比如在航空航天、智能交通、高速铁路、生物医药、半导体材料等高科技领域，用普朗克常数重新定义的千克会比以前的值准确至少100万倍，这无疑会推动这些领域的发展和创新。

顺便再次分辨一下质量与另一个概念"物质的量"。牛顿曾经在定义中把"质量"直接说成物质的数量，那时人们对构成物质世界的元素种类和微观粒子都不甚了解，所以质量与物质的量就成了同义词，但现在我们必须清楚这是两个截然不同的概念：质量是物体惯性的量度，而现在说的物质的量则反映的是组成物体的微观粒子的数目，其国际单位是摩尔，符号mol，同是1摩尔的铁与铝，所包含的原子数目是相同的，但是铁的质量超出了铝近一倍之多，原因就在于单个铁原子的质量比单个铝原子的质量要大很多。更多的"物质的量"的内容我们放在"物质的量"这一基本物理量的那部分内容再详细分析。而在本部分，我们则特别再强调一下作为七个基本物理量之一的质量，国际单位是千克，符号kg，这是它的国际基准。

被停用的实物基准——国际千克原器，在被非常小心地保存的状况下本身的质量还是减少了，其具体原因仍然是个谜。人们不禁会问：质量是守恒的吗？

2.6　质量是守恒的吗？

"质量守恒定律"是俄国科学家罗蒙诺索夫于1756年最早发现的。后来法国化学家安托万–洛朗·拉瓦锡通过大量的定量试验验证了这一原理，在化学反应中反应物的质量总和等于反应后生成物的质量总和。他也因为这些赢得了"现代化学之父"的美名。在这之后很长的时间里，质量守恒定律，也称为物质不灭定律，被认为是自然界普遍存在的基本定律之一。

我们最初学习物理时，课本上就有这样的定义："物体所含物质的多少叫作质量。"所以也有一种看法认为，在牛顿的《原理》一书中已经默认了"质量守恒"这件事，而且牛顿自己通常用"物质的量"来表示我们今天所说的质量。他的这一用法意味着不可能存在没有质量的物质。如果有人问："什么是物质？"牛顿的回答是：物质就是有质量的东西。质量就是对物质的最终量度。没有质量，也就没有了物质。因此"质量守恒"就等同于"物质的恒常性"。在牛顿看来这就是一种必要的真理。也因此，牛顿物理学里，有人把"质量守恒定律"称为"牛顿第零定律"。

其实早在公元前5世纪古希腊哲学家恩培多克勒就提出了物质不灭的思想。在他自己创作的诗歌《论自然》中，他写道：

"任何不灭的东西都没有真正产生；

在毁灭性的死亡中也没有失去；

发生的唯有混合以及混合物的变换；

产生的只是这些过程的名称。"

这些诗句的意思是说，物质是不会产生和消灭的，发生的只是元素的组合和分解，而元素本身是永恒存在着的。

18世纪拉瓦锡因为抱着"质量守恒"的信念，在燃烧实验中发现了氧气，从实验中推翻了燃素说。在化学反应中，大量实验证明：在任何与周围隔绝的物质系统（孤立系统）中不论发生何种变化或过程，其总质量保持不变。

但是，质量真的是守恒的吗？

如果我们用类似的想法去看待下面这个实验，你会怀疑自己是不是要疯掉。位于日内瓦附近的欧洲核子研究中心实验室的大型电子对撞机是20世纪90年代开始运行的。在这台装置上，电子和正电子（反电子）沿相反方向被加速到接近光速，然后开始互相碰撞以产生大量的碎片。这个碰撞出现典型的结果时，会产生10个π介子、1个质子和1个反质子。现在我们来比较一下碰撞前后的总质量。

碰撞前，电子+正电子：2×10^{-28} g

碰撞后，10个 π 介子+1个质子+1个反质子：6×10^{-24} g

碰撞后的质量约为碰撞前的3万倍，对于牛顿物理学来说，这真是非常糟糕的数据。

很少有比质量守恒定律更基本、更成功、经过更仔细核实过的定律了。但是这一定律在此遭到了完全的失败，就好比魔术师放两粒豌豆在他的帽子里，却抓出几只小白兔。我们该如何去解释呢？

科学总是寻求发现和了解客观世界的新现象，研究和掌握新规律，总是在不懈地追求真理，科学是认真的、严谨的、实事求是的，同时，科学又是创造性的。科学的最基本态度之一就是疑问，科学的最基本精神之一就是批判。著名的丹麦物理学家尼尔斯·玻尔将真理区分为两种：普通的真理是这样一个陈述，其反面一定是一个伪命题；而深刻的真理则是其反面也具有深刻的真理性。本着这种精神，我们可以说质量守恒定律就属于后一种真理——深刻的真理。一个科学结论的可靠性总是受到方法和做结论的人的限制，这样的强调不会是过分的，因此在某种意义上说，科学上不存在绝对真理这种东西。

质量守恒定律被科学界采纳了两个多世纪，不仅因为曾经有大量的实验能验证它，还因为它在解释客观世界的现象上非常有效。在物理科学方面，质量守恒定律与牛顿运动定律、万有引力定律一起构成了一座数学大厦——经典力学，我们可以因此用相当精确的计算来解释行星及其卫星的运动，解释身边常见的许多现象，不仅如此，在化学科学方面它也显得卓有成效。

牛顿经典力学实际上已经默认固有质量的特性是作为物质

终极构建的最基本属性，它是物质终极描述的一部分，已经是最底层的概念了，我们在大千世界看到的变化归结为基本构件及基本粒子的重新组合，基本构件本身既不创生也不毁灭，它们只是在运动。

经典力学的核心是方程$F=ma$。这个方程将动力学概念的力（F）与运动学概念的加速度（a）联系起来，前者归结为物体受到的力，后者则概述物体会有怎样的反应。质量（m）在这两个概念之间起着调节作用，对于给定的力，物体的反应是小质量的物体获得的速度变化要快于大质量的物体，如果物体的质量为零，它的加速度只能是力除以零，这是没有意义的，因此物体开始时总得有一定的质量。根据牛顿的万有引力定律，每个物体施加的引力作用也都正比于质量，一个非零质量的物体可以由无质量的组件搭建起来吗？你是不是立即就遇到了矛盾，如果每个组件的引力作用都是零，那么无论你在零作用上增加多少个零作用，最终都是零作用。

但是我们现在发现，质量它并不总是守恒的，实际上它的确不是。自然界是不会骗人的，她的魔术是基于深刻的真理，只是有谁能看透现象，给出合理的解释呢？

2.7 质量与能量——物质和场，谁是物理实在？

在1905年，爱因斯坦把质量和能量之间的关系表示为如下方程：

$$E=mc^2$$

其中E用能量单位表示；m用质量单位表示，c则是指光速。1905年5月爱因斯坦完成论文《论动体的电动力学》，独立而完整地提出狭义相对性原理，开创物理学的新纪元。因此这一年被称为"爱因斯坦奇迹年"。

爱因斯坦完全是基于理论的考虑推出这个公式的，当时还没有在实验室里验证这个方程式的方法。虽然物质和能量常常不可分割地联系着，比如任何物体都包含某种形式的能量，但是在这之前，我们把它们当作好像是现实世界的两种完全不同的存在形式来讨论，爱因斯坦这个公式则指出，物质的质量与能量是相互成比例的，一个增加时另一个也增加，一个减少时另一个也减少。该方程还可以解释为：一定量的质量等价于一定量的能量。一个物体的质量随着它的运动速度而变化，物体相对于观察者和测量仪器静止时其质量较轻，物体运动时它的质量就增加，当它的速度接近光速时，质量就增加得很快，这个新的质量叫作相对论质量，这符合爱因斯坦的相对论原理，在质量—能量方程中，m是相对论质量。

表2-1　物体的速度与它的相对论质量的关系

物体速度（光速的百分数）	相对论质量（与静质量的比值）
0	1.00
25	1.03
50	1.15
75	1.51
80	1.67
85	1.88
90	2.30
95	3.16
99	7.07
99.9	22.40

时至今日，实验确实已证明了$E=mc^2$这个关系的存在。根据爱因斯坦的等价方程，质量可以转化为能量，能量可以转化

为质量，这两个过程在宇宙间是不断发生的，但是所有的质量和能量的总和保持不变，这就是质能守恒定律。虽然有些科学家设想这个守恒定律也许不适用于遥远空间的巨大能量和质量，但这种想法目前并没有得到证实。

下面这个简单的例子能帮助理解相对论质量的概念以及它与能量的关系。当你掷出一个球时，你就把能量传给球，能量就从你转移给球。质量—能量方程指出，球运动时的质量比它静止时的质量要大，球的能量和质量都增加了，球所增加的质量和能量都是从你那里来的，当球停止运动时，它的质量又回到原来的静质量数值，而它的动能大部分转化为热能。始终贯穿着这件事的是，质量加上能量的总和是守恒的。这个事实表示为物质和能量的守恒定律：宇宙间的物质与能量的总量保持恒定。现在我们知道，这是现代物理学中最重要的定律之一。

经典物理学介绍了两个要点：物质和能量。第一个有质量，第二个没有质量。在经典物理学中质量守恒定律和能量守恒定律是两个彼此独立的定律。在某个过程中，一个物体系统可以质量守恒而能量不守恒，比如热水瓶中的水冷却了。但是在相对论中它们是统一的，质量守恒也就意味着能量守恒，反之能量守恒也意味着质量守恒。根据相对论，质量和能量之间没有本质的区别。能量具有质量，而质量代表着能量，这种新的观点在物理学的进一步发展中证明是非常成功的。

为什么"能量具有质量，而质量代表着能量"这一事实在过去一直没有被人注意到呢？或者问炙热的铁是否比冷却的铁质量大？这个问题的答案现在为"是"。我们过去会面临困难，是因为相对论预言的质量的变化小到不能被直接测量，甚至连最灵敏的天平也无法直接测量出来，但是现在我们已经可以通过一些确凿但间接的方式去测量这种变化。能量与质量相比，就像一种贬值的货币和高价值的货币的比较，比如能够将30 000 t的水转化为蒸汽的能量的质量仅仅大约1 g。之所以一直被认为是没有质量的，是因为它所具有的质量太小了。

在认识到质量和能量的等价性之后，人们对物质和场的划分也显得不自然且不明确了。在了解相对论之前，我们有两个物理实在：物质和场。根据这两个概念，我们会考虑一个小的物质粒子，认为粒子有个确定的表面，表面处物质不复存在，而引力场便出现了。物质有质量，而场没有；场代表能量，而物质代表质量。但是从相对论中我们知道，物质蕴含着大量的能量，而这些能量也具有质量。我们不能再用这种方式定性地区分物质和场了，因为到目前为止，我们发现大量能量集中在物质上，但是粒子周围的场也具有能量，尽管这个能量的数值非常小。因此我们开始这样理解，物质是能量密度大的地方，而场是能量密度小的地方。但如果是这样的话，那么物质和场之间的不同就是定量而非定性的了。

我们过去把物质和场看成两种性质截然不同的东西是毫无意义的，我们想象不出一个明确的界面，将物质和场清晰地分开。物质确实是集中在较小的空间中的大量的能量，或者我们可以将物质视为太空中场特别强的区域。用这种方法我们可以建立一种新的哲学背景，它的最终目标是用在任何地方始终有效的局域定律来解释自然界中所有的现象。从这个角度来看，抛出的石头是一个变化的场，其中场强最大的态以石头的速度穿过空间。在我们的新物理中放不下场和物质两种实在，场成为唯一的物理实在。不过，相对论虽然强调了场概念在物理中的重要性，但我们还没有成功地建立一个纯粹的场物理学，所以我们暂且仍然需要假设场和物质都是存在的。

爱因斯坦的相对论中用一个守恒定律来代替两个守恒定律。与经典力学不同的是，这里的质量不单指物体的静止质量。例如电子与正电子组成的电子对，在一定的条件下可以转化为一对高能光子（伽马射线）。在这个例子中，电子对的静能完全转化为光子对的动能，能量改变了形式，而数量上是守恒的；与此同时，电子对的质量（绝大部分是静质量）也全部转化为光子对的运动质量，质量上也是守恒的。在上述典型例子中，物质并没有消灭，它只是从一种形式转化为另一种形式；与此同时，能量也从一种形式转化为另一种形式。静止能量是相对论最重要的成就之一。在许多情况下，物体的静能比起它整体的运动能量来说，大得无可比拟，也就是说大量的能量以静能的形式被束缚在物体的内部，这就启发人们用各种办法来释放这些能量，最大限度地利用这些能量，于是人们便想起了核能开发。

2.8　质量的来源——"物体的惯性取决于它的能量？"

$E=mc^2$ 被有些科学家称为爱因斯坦第一定律。有意思的是爱因斯坦还有第二定律，其方程是 $m=E/c^2$（或者也可以称为爱因斯坦第零定律）。事实上那篇文献的标题是一个问句："物体的惯性取决于它的能量？"换句话说，物体的某些质量是否由其能量转化而来？也就是说爱因斯坦最初考虑的是物理学的概念基础，而不是制造核弹或者反应堆的可能性。爱因斯坦方程提出了一项挑战，如果我们能用能量来解释质量，这将有助于改进我们对世界的描述，这样构建世界所需的构件可能更少，质量将不再是物质的最基本属性。借助爱因斯坦第二定律，我们能更好地回答前面提出的问题。什么是质量的来源？可能就是能量。世界是由什么组成的？我们将从纯能量出发，解释物质质量的起源。

传统物理学认为，普通物质由原子组成，原子由原子核和核外电子组成，原子核由质子和中子构成。原子核从整体上说要比原子小得多，但原子核却包含了几乎所有的原子质量，因为核外一个电子的质量大约只有核内一个质子质量的千分之一。原子因为电子和原子核之间的电性吸引力而保持稳定，而原子核中的质子和中子却是由核力这种作用距离很短的强相互作用力来保持稳定。前面提到的普通物质是指我们在化学、生物学和地质学中研究的物质。我们平时用的建筑材料，包括我们的身体本身，都是由它们组成。天文学家从望远镜里观察到的行星、恒星和星云也是普通物质，它们的构造材料与地球的构造材料并无二致。绝大部分原子的质量集中在原子核中，要搞清楚质量的起源就必须找出质子和中子的质量来源，以及这些粒子结合在一块形成原子核的原因。

为了探索核尺度领域，科学家们发明了全新的实验技术，研制了全新的实验设备，比如超级闪光纳米显微镜和大型电子对撞机等。要找出一件东西是由什么制成的，一种简单方法就是砸破这个东西，这样虽然粗鲁，但是通常很有效，比如我们将原子轰击得足够致密，它将分裂成电子和原子核，这样它们的基本构件就会暴露。人们就是遵循这样的思想来试图打开质子和中子，但是如果你将质子轰击得足够致密，你会发现得到了更多的质子，同时还会看到其他基本粒子。一个典型的情形是你让两个高能质子相互碰撞，得到的却是三个质子、一个反中子和若干π介子。事情似乎并没有变得简单，在追寻质量源头的实验中，科学家们又发现了许多新的微观粒子，比如夸克、胶子等等，曾经有一段时间他们很为之头痛。因为在氢谱精细结构的研究中发现了兰姆移位而获得1955年诺贝尔物理学奖的美国物理学家威利斯·尤金·兰姆在他的获奖演说中开玩笑说："当1901年首次颁发诺贝尔奖时，物理学家知道的只有现在所谓基本粒子里的两种即电子和质子，1930年后大量其他基本粒子蜂拥而至：中子、中微子、μ子、π介子、重介子和各种超子。我已经听到有人说，过去发现一种新的基本粒子，发现者通常荣获一次诺贝尔奖，但现在这样的发现应该被处以1万美元的罚款。"也正是在这种情况下，科学家们发展出了量子电动力学理论和量子色动力学理论。

现在科学家们普遍认同"标准模型"理论。标准模型共61种基本粒子。简单来说，这些基本粒子又分为两大类：费米子和玻色子。费米子就是组成物质的粒子，而玻色子则负责传递各种作用力。

在标准模型里，科学家命名一种生成质量的机制——希格斯机制，认为这种机制能够使基本粒子获得质量。科学家们假定宇宙遍布着希格斯场，其能够与某些基本粒子相互作用，并且利用自发对称性破缺使得它们获得质量。那么，为什么我们感觉不到希格斯场呢？一种比喻是，我们是鱼，希格斯场是水，生活在水中的鱼通常是很难感受到水的存在的吧？但是如果没有了水，鱼就会死亡。科学家们普遍认为，如果希格斯场不存在了，要么就是理论错了，要么就是人类和这个世界能看到感受到的普通物质都不复存在。

希格斯机制如果成立，就还应存在一种重要的粒子——希格斯粒子，科学家们称之为"上帝粒子"，认为它是伴随着希格斯场的带质量玻色子，是希格斯场的量子激发，如果说希格斯场是海洋，那么希格斯粒子就是海面上的波浪。如果科学家们用实验证实了希格斯玻色子存在，也就可以推论希格斯场存在，就好像从观察海面的波浪可以推论出海洋的存在一样。

很幸运，经过48年的寻找，2013年3月14日，科学家们宣布他们于2012年7月在欧洲核子中心的大型强子对撞机中发现的新粒子就是希格斯粒子，从而证实了希格斯场的存在。

希格斯机制认为：组成中子和质子的夸克质量很小，中子和质子的大部分质量来自将夸克束缚在其边界之内的作用力，基本粒子在希格斯场里会受到类似阻力的作用。因为这种作用，基本粒子的运动变慢了，从而因为受到其他力被捕捉而聚集，最终形成了大千世界的普通实物。这就是我们的核心理论对普通物质的绝大部分质量的起源的解释。

在欧洲核子研究中心，人们喜欢把希格斯场比喻成糖浆，但是糖浆对于陷入其中的物体都有黏滞作用，希格斯场则对某些粒子没有阻滞，比如光子和胶子，因此它们能够无视这个场穿行而过，依然保持不带质量，到今天仍旧以光速运行。但是夸克、电子、中子却能意识到这个场的存在，从中穿过需要更多的能量，于是便具有了惯性，产生了质量（惯性质量），不能再以光速运行。

值得一提的是，欧洲核子研究组织公开确认希格斯粒子时，宣称它的质量约为125 GeV。这里科学家们就把质量的单位用能量的单位GeV来表示。"eV"指的是电子伏特，即一个电子在一伏电压加速时获得的能量。"GeV"就是十亿电子伏特，1 GeV=10^9 eV。我们还可以看到，在涉及基本粒子时，科学家们习惯用这样的方式去描述基本粒子的质量，还比如Z玻色子质量为91 GeV，W玻色子质量为80 GeV等。如果一定要换算成我们习惯的单位"kg"，那就需要使用$m=E/c^2$，得到1 GeV/c^2=1.78×10^{-27} kg。科学家们喜欢使用这种表达方式可能是因为这样的表达在微观领域更为方便，比如考虑质量出现亏损时获得的能量数值时。但不可否认，这也体现出他们对能量是物质质量的起源的普遍认同。

2.9　质量为什么依然重要?

"通常物质的质量是宇宙中更基本的建筑构件——能量——的具体体现。"在"千克"的新定义上，关键的普朗克常数也在提醒我们质量与能量的紧密关系。那么，为什么我们选择质量作为基本物理量之一，而不是能量呢？或者这是因为人类受感官的限制，对于质量的感觉更为直观吧。

是不是说到这里，你以为我们已经了解了这个世界？不，还差得远！因为标准模型本身也并不完整，例如它没有包括引力，而且我们的核心理论深刻理解的那些物质——普通物质，只占整个宇宙质量的5%左右。其余的95%至少包括两个组成部分，即暗能量和暗物质。暗能量大约贡献了整个宇宙质量的70%，暗物质大约贡献了25%。作为七大基本物理量之一的"质量"仍然是现代物理学家们用以把握"世界"的重要问题。不过无论如何，欧洲核子中心的大型强子对撞机可以产生如宇宙大爆炸的最初一刻的环境，在这里我们发现了希格斯粒子，这一发现可能会带来一个关于我们宇宙的快速发现时期，对未来的发现我们充满期待。

3

时间

3.1　时间是什么?

时间属于物理学七个基本物理量之一，其名称为时间，简写为t，其国际单位名称为"秒"，符号s。

一说到"时间"，大家都觉得很熟悉，因为我们每天都要跟时间打交道，上学不能迟到，一节课40分钟，新闻联播在每天晚上7时开始，"时间就是金钱"……现代社会再也没有其他事物像时间这样完全渗透到每个人的日常生活中，可以说时间是人类意识中最核心的概念之一。然而，时间又是极其神秘的，它看不到、摸不到、闻不到也听不到，我们仅仅凭着钟表上的指针或示数感知它的存在，或者凭借大脑的意识感觉它在流逝，那么，时间到底是什么呢？

古希腊的学者亚里士多德在其著作《物理学》中有过论述，他认为，时间深植于移动和变化之中，考虑到和时间流动分不开的事件，时间才有意义。然而，时间和移动不一样，因为移动在变化位置的物体之中，而时间却无处不在。显然，亚里士多德是将时间与变化联系在一起的，而且时间是独立的存在。而牛顿的老师，英国著名数学家伊萨克·巴罗的观点是："只要考虑到时间绝对和固有的本质，时间就不一定包含动作，也不必然包含静止；无论物品在移动还是静止不动，不论我们在睡眠还是醒着，时间按照本身一致的步调前进"，显然这在无形中影响了他的学生。在巨著《自然哲学的数学原理》中，百科全书式的全才牛顿对时间也给出相似的定义：绝对、真实且精确的时间，就其本身且从本质来看，会稳定地流动，与任何外物无干。在牛顿的时代，每天误差几分钟的时钟普遍存在，追求精确计时的人们可以仰望天空观察日月星辰的运行，但运行不够规律，日晷标示的"太阳时间"甚至可能会比平均太阳时间快20分钟或慢20分钟。牛顿发现没有完美的时钟可以仰赖，根据他的推理，在这些不完美的实体时钟下，一定有真正具备精确动作的完美宇宙钟，它的计时速率与恒星和行星无关，不受人类感知的支配，是独立存在的，这样，即使宇宙中所有的物质都消失了，时间仍然存在。跟时间一样，牛顿坚持认为"绝对空间从本质来看，永远保持同质且不可移动，与任何外物无干"。这种绝对时空观，是经典力学体系得以建立的基石，如果没有绝对时间，牛顿的定律就失去了普遍性。

与牛顿同时代的几位哲学家立刻唱起反调，尤以德国的数学家和哲学家莱布尼茨最为知名。他们认为，时间应该是"相对"的，当实际物体移动时，相关的时间才有意义，时间与组成宇宙的物体并非毫无关系，有形的物体和动作才是定义时间流动的因素。这种论点显然与人类的体验比较贴合：我们看不见时间，就像我们看不见空间一样，只能察觉到时间中的事件和空间中的物体。

值得一提的是，牛顿和莱布尼茨关于时间的争论还共同涉及了神学，他们都信仰上帝，但他们心目中上帝的行事方式是完全不同的。莱布尼茨坚信"充足理由律"，即上帝做任何事都有充分的理由和合理解释。他认为，如果时间绝对存在，在观察不到变化时依然继续前行，时间在上帝创造宇宙前就已经开始流动，那么，上帝在某个时间点创造宇宙，他为什么要选"那一个"时间点，而不是早5分钟或晚5分钟？毕竟在牛顿的观念中，每时每刻都是平等的。在莱布尼茨看来，没有事件发生，讨论时间就毫无意义，所以，宇宙创造前，时间并不存在，上帝并未在某个时刻创造宇宙，而是在创造宇宙的同时创造了时间。面对这一诘难，牛顿也想不出充足的理由来辩驳，只能认为上帝有时候的确会突发奇想。

尽管如此，由于莱布尼茨无法找到一套系统的机械定律来涵盖相对时间，牛顿的绝对时空观和经典力学体系占据了绝对上风。事实上，他的理论也成功解决了许多现实问题，因此，这一观念统治了物理学界多年。直到20世纪初，事情终于发生了转变。爱因斯坦在研究光的时候思考过一个问题：如果人能追上光束，会是什么情况？按照牛顿的经典力学架构，虽然光的传播速度是每秒30万公里，但人只要不停加速，肯定能追上，那么如果追上了光束，相对于人来说光的速度变为0，人将看到光波像被冻结的海浪一样。这种图景显然与人们的直觉难以协调，要么麦克斯韦的理论有问题，要么光具有奇特的性质。爱因斯坦相信麦克斯韦的理论是正确的。那么，如何协调牛顿的力学和麦克斯韦的电磁理论呢？经过长达10年的苦苦思索，他终于在1905年提出了"狭义相对论"，成功解决了这一问题。相对论首先就推翻了牛顿的世界观，引入了全新的时空观点。它以两个"假设"为基础，特别是第二假设认为，不论你自己和发光物体的速度为何，光速永远保持不变。换句话说，不管你的运动速度如何，你测出的光束前进速度一定是特定的c值。这在经典力学体系中就显得"离经叛道"了。学过中学物理的人都知道，测量物体速度时必须要考虑测量者的相对运动，比如当你站在行驶的火车上向前投掷一个球，火车的车速是100 km/h，而投球的速度为80 km/h，这时地面的观察者将会看到球的水平速度为180 km/h，也就是$v=v_1+v_2$。但是，在爱因斯坦看来，这些只能适用于低速运动的物体，光速太快了，所以光的情况很特别。不管你拿着光源缓慢走路，还是将光源装在200 000 km/s的高速火箭上，你测量到的光速都是300 000 km/s。事实上，当速度接近光速时，测得的速度就不能用牛顿定律将两者的速度简单相加了，相对论给出新的公式：$v=\dfrac{v_1+v_2}{1+\dfrac{v_1+v_2}{c}}$，通过这一操作，爱因斯坦将牛顿的理论归入相对论的低速情况。

这些跟我们所讨论的时间又有何关系？事实上，这正是最关键的地方。为了让光速保持不变，时间和空间不再是绝对的。也就是说，当两名观测者相对彼此运动，他们测得某件事情发生的时间间隔或空间中的两点距离是不一样的，即时间和空间是相对的。这一观点看似违反常理，我们可以用两个常见的例子来证明。

假设一列火车高速运行，在火车上装有一个"光子钟"，钟的结构是这样的：它有上下两面平行正对着的镜子，之间有光脉冲上下弹跳撞击镜子，当火车静止时，火车上的观察者A与地面上的观察者B测量到光脉冲在两面镜子间来回碰撞的时间间隔一样。但当火车车速接近光速时，观测者A站在火车上面，他可以随钟一起走，所以他也是以接近光速的速度前进，对于他来讲，他看见光脉冲仍然规律地撞击上下两面镜子，对于A来说，时间是没有变化的，如图3-1所示。而地面上的观察者B将会看到光脉冲留下对角线或锯齿的痕迹，这样光脉冲要完成上下两次碰撞必须走过更长的距离，而光速对于任何测量者来说都是不变的，所以对于观测者B来说，他看到火车上的时钟走得更慢了，如图3-2所示。

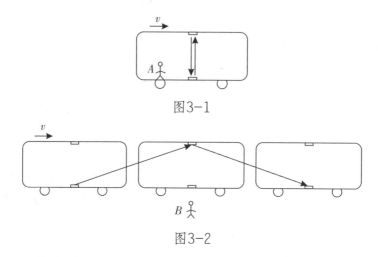

图3-1

图3-2

　　也就是说，在一个惯性系中，运动的钟比静止的钟走得慢，这种效应叫作"时间膨胀"或者"钟慢效应"。这个看似不符常理的推论其后得到了许多实验的证明。比如2007年在加拿大科学家格温纳的带领下，实验小组用加速器将锂离子加速到6%的光速并使之在环形管中前进，然后用激光促使离子发出辐射。由于辐射是一种振荡的电磁波，所以能发挥时钟的功能，辐射的一次循环就像时钟"滴答"一下，在高速前进的状态下，他们发现这种"滴答"变慢了，辐射的频率降低了，这一变化与相对论预测的完全一致。

　　不仅时间具有相对性，事件发生的同时性也是相对的。假想在某节火车车厢的前后分别有A、B两个接收点，站在车厢中间的乘客手里举着闪光灯，在车厢静止的情况下，闪光灯所发出的光线同时到达A、B两个接收点。接下来想象，车厢由左向右以接近光速的速度运动，乘客本人将看到闪光灯的光线仍然同时到达A、B两个接收点（从相对论第一假设出发，乘客本人可以认为自己静止不动）。但在站在路边的观察者看来，车厢前方的A接收点正在靠近光束，而后方的B接收点则在远离光束，这样光束到A接收点所走的距离较近，而到B接收点所走的距离明显更远。根据爱因斯坦的第二假设，光速不变的情况下，路边的观察者将看到光束先到达A接收点，然后才到B接收点，两件事不再同时发生。事件的同时性因参考系的选取而异，显然同时性也是相对的，如图3-3所示。

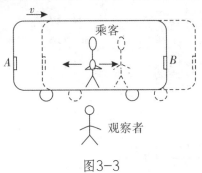

图3-3

　　事实上，牛顿和爱因斯坦的根本分歧还在于时空的联系。与牛顿认为时间和空间相互独立的绝对时空观不同，相对论认为时间和空间紧密联系，时间在这里作为第四个维度，与三维空间一起组成了四维时空，事件的发生与其前后演变可用四维坐标标示。与熟悉的三维空间不同，人们想要形象地想象或者描绘四维景象比较困难。爱因斯坦提出了"世界线"的概念，他将粒子在四维时空中的运动轨迹称为"世界线"，它是物体穿越四维时空唯一的路径，因加入时间维度而有别于力学上的"轨道"或"路径"。世界线是时空中的特殊曲线，线上的每个点都能标出物体在那个时间的时空位置。举例来说，地球的公转轨道是宇宙中一个近乎圆形的三维封闭曲线，地球每年都会转回同一个点，但时间却不一样。地球的世界线会在四维时空中循环（像弹簧的形状那样沿螺旋式轨迹延伸），而不会回到同一点上。而在四维时空中，过去和未来（或之前和之后）的概念又如何理解？根据同时相对性，对某人而言是过去的事件，对另一个人来说可能还没有发生。反之亦然，只要事件够远，两个人相对彼此在运动。这似乎说明，过去和未来并没有分界线，所有的事件跟现在正在发生的一样，都是真实的。物理学家戴维斯说过："把时间切割成过去、现在和未来的界线似乎失去了实质的意义。"爱因斯坦也认为："简单而主观地感觉时间的流动，让我们能够整理印象，判断某件事比较早发生，另一件事则比较晚。"时间的概念存在每个人的心里，具有主观性。

3.2　时间有方向吗？

有了牛顿创立的经典力学，只要知道某些初始条件，人们就可以通过牛顿定律来预测未来的事件。最令人津津乐道的例子就是预测哈雷彗星的回归。英国天文学家埃德蒙·哈雷利用之前观测彗星的结果，结合牛顿的公式，预言1682年看到的彗星会在1759年重返地球，结果预言成真。为纪念这一伟大成就，人们以哈雷的名字命名了这颗彗星。现在人们可以熟练地预测何时会发生日食和月食，发射的火箭何时到达哪个位置……基于此，人们形成了"机械决定论"的思维方式，即如果知道某个时间点系统的状态，原则上可以预测未来某个时间点系统的状态。反过来，也可以推论过去发生了什么。比如在考古学中，人们可以通过文献中某个天文事件推测出发生的年代。法国数学家和天文学家拉普拉斯认为，牛顿所有的等式都具有时间对称性，对过去和未来双向皆行得通。但是问题又来了，我们不断地往未来行进，能不能往"回"走，回到过去呢？答案显然是否定的，自然界发生的现象几乎都无法逆转。瀑布的水只会不断往下流，生物从新生到衰老最后消亡，碗被打破后不会自发复原。虽然牛顿的运动定律具有精确的对称性，但时间在这里似乎有一个明确的方向，那么，这个方向到底指向哪里呢？

由于时间看不见摸不着，我们只能通过对物质变化过程的研究才能确定时间流逝的方向，而描述物质变化过程的物理规律在关于时间对称变换后其数学形式产生相应变化，所以时间的方向应该与这些物理规律关于时间对称性之间存在某种密切联系。通常来说，像经典力学、麦克斯韦的电磁理论及相对论等描述最基本的物质变化过程的规律具有时间对称性，即被这些规律描述的变化过程和逆过程无法区分。例如，两个台球相互接近后发生弹性碰撞，之后相互分开，如果我们将这一过程用录像机录下来，不论是向前播放还是向后播放，画面看起来也完全相同。显然，这两个球的碰撞过程具有时间对称性，即不具有方向性。

但是，如果变成十几个台球，先放在台球桌上按摆序排成三角形，然后用白球去碰撞，顺序就会被完全打乱，而且碰撞的次数越多就显得越乱。物理学上用"熵"这个专业术语来描述系统中的无序性，显然，随着碰撞次数的增多，系统的熵也在不断增大，这一过程跟前面的两球弹性碰撞相比，完全没有时间对称性，一切都在向着越来越无序的方向进行。

实际上，描述热力学系统的物理规律并不具备时间对称性，热力学系统的变化过程及其逆过程是两种完全不同的变化，具有不可逆性，正如高温物体与低温物体接触后，热量会自发地从高温物体向低温物体传递，直至两者温度一样高；而相反的过程不可能自然发生。通过对热机的研究发现，任何热机在工作过程中除了将一部分能量对外做功，其余的能量都以各种方式耗散到周围环境中；而相反的过程，也就是扩散到周围环境中的热量重新集中到热机并使热机做功，这显然不可能自然发生。科学家在这些例子的基础上得出了热力学第二定律，其内容可以表述为，在任一孤立的热力学系统中，熵的总量永远不会减少，过一段时间一定会增加，充其量保持原状。与一般的物理学定律不同，这一定律具有浓厚的统计学色彩。比如桌上的十几个台球分布的情况有好几十亿种，而放在三角框里分布的方法却寥寥可数，球被撞击后分布越来越混乱无序，而反过来自发回到原有排列状态的概率几乎为零。同样，玻璃杯打碎后的状态非常多，但是自发拼接成原状只存在理论上的可能性。显然，所有例子和复杂系统中所发生的变化，都是向熵增大的方向进行。因此，这一定律又叫作熵增加原理，是描述自然界演化的最基本规律，熵增大的方向就是孤立的热力学系统自然发生的方向，也可以说是代表着时间的方向，这就是英国科学家爱丁顿所说的"时间之箭"。日常生活中，我们经常能看到熵增大的现象。比如屋子在不打扫的情况下会越来越脏乱，一滴墨水滴入清水中会逐渐均匀地分散到水中，任何动物个体从出生开始就不断衰老并随着时间的推移逐渐消亡等等。正是从这些现象中我们体验到了时间从过去到现在再到未来的不停流逝，体验到了时间的方向性。

虽然热力学第二定律在宏观意义上揭示了不可逆性的本质，但是也有令人不满意的地方，因为组成热力学系统的分子、原子之间的作用及变化是用具有可逆性的力学规律描述，而热力学系统整体表现出来的却是变化过程的不可逆性，这种矛盾被称为热力学佯谬。为解决这一佯谬，许多科学家为之努力，其中尤以奥地利物理学家玻尔兹曼的统计物理理论最为著名，但是仍然没有得到彻底解决。正因如此，物理学家对热力学过程的不可逆性的本质依然没有确切的定论，热力学第二定律在解释"时间之箭"时依然要持谨慎态度。

3.3 时间是流动的吗？

时间的变化是以流动的形式进行的吗？古今中外诸多先哲名人、科学家都有过回答和描述，中国古代的圣人孔子就曾发出著名的感慨"逝者如斯夫，不舍昼夜"，而古罗马思想家奥勒留也曾写道："时间，既像由所发生的情况组成的事件之河，又像一条湍急的溪流，因为一件事刚了解清楚，它就匆匆而去，由另一件事将其取代，而这件事随后也会匆匆而去。"牛顿对时间的定义"绝对的、真实且精确的时间……会均匀稳定地流动"也代表了许多物理学家对时间流动性的看法。以至于到现在，我们在物理学中仍然习惯于用一条数轴（即时间轴）来描述这一特性，时间轴上的每个点表示一个不同的时刻，随着时间的流逝，时间由"现在"不断地向"未来"方向移动。在当今科学界和哲学界，时间不断流动的观念基本上被默认为是一条无须论证的公理。在生产生活实践中，几乎所有的人都自觉地接受了时间在流逝的观念：上课时时间在悄然流逝，走路时时间在流逝，不知不觉间春去秋来，时间又流走了……在这种对时间流动的感觉中，人们还赋予了许多焦虑和悲观的情感。著名的散文家朱自清就在他的《匆匆》里写道：

"去的尽管去了，来的尽管来着；去来的中间，又怎样地匆匆呢？早上我起来的时候，小屋里射进两三方斜斜的太阳。太阳他有脚啊，轻轻悄悄地挪移了；我也茫茫然跟着旋转。于是——洗手的时候，日子从水盆里过去；吃饭的时候，日子从饭碗里过去；默默时，便从凝然的双眼前过去。我觉察他去的匆匆了，伸出手遮挽时，他又从遮挽着的手边过去，天黑时，我躺在床上，他便伶伶俐俐地从我身上跨过，从我脚边飞去了。等我睁开眼和太阳再见，这算又溜走了一日。我掩着面叹息。但是新来的日子的影儿又开始在叹息里闪过了。"用一句话概括：不管人的身份怎样、学识如何，人们在潜意识中几乎都认为时间在永恒地均匀流动着。

时间具有流动性的观念已经成为整个人类文明的时间概念体系的重要基础，特别是在物理学中，人们将时间用抽象的数学模型——时间轴进行描述的方式进一步强化了时间具有流动性的基础。但是，人们习以为常、司空见惯的事物未必经得起推敲。比如轻重物体下落的快慢问题，就误导了人们长达千年之久，直到伽利略用他创立的一套科学方法扭转了人们的看法。同样，我们也可以仔细推敲关于时间的流动性问题。如果说某个东西会流动，必然是相对于另一样事物，以特定的速率流动。比方说，河水会相对于河岸以某种速率流动，这种流动速率可以通过每秒多少立方米的方式来计算。但是，时间流动的参照物是什么？它又以何种速率流动呢？如果说是每秒钟流动1秒似乎没有意义，水的流速可以测量，而时间的流速具体怎么去测量呢？再者，河水从源头流出来，而时间从哪里流向现在？时间有起点吗？在这些问题面前，说时间"从过去流向未来"就很难有说服力了。

　　进一步来看，对时间流动性的观念所衍生的各种问题进行逻辑方面的分析将导致许多悖论的出现。比如我们的宇宙是有起源的，而时间不断流逝，假如时间的流逝独立于物质及其变化过程，那么，在宇宙诞生前就应该有一段相当长的空虚时间段，在这样一段时间内没有任何物质发生变化，但时间却一直在流逝，那么这样的时间推移不可能产生任何痕迹，我们没有任何方法知道宇宙诞生前曾经历过时间的流逝，这样时间的流逝便毫无意义，从时间具有流动性推论出时间的流动性毫无意义，这就产生了悖论。此外，英国的哲学家麦克塔格特也提出过著名的麦克塔格特悖论，几乎无懈可击地论证了时间不具有流动性。这里限于篇幅不再赘述，有兴趣的读者可以查找相关资料阅读。

　　进入20世纪，科技在不断发展，人类对于时间如何流动的问题却依然束手无策。基于此，某些科学家干脆抛弃了以往的时间概念，认为时间的流逝只是人类的幻觉。哲学家斯马特将这种幻觉归结于超感觉的混乱所导致。就好比你快速旋转然后突然停下，周围的世界依然在"旋转"，眩晕的感觉给人产生了世界在转动的幻觉，只不过我们能分辨出这种幻觉，而时间的流动这一幻觉看起来更加真切而已。英国物理学家朱利安·巴伯则认为，时间的"流动"根本不存在，这种观念只是人类意识创造的幻觉。如同报纸和化石一样，人脑对发生事物的神经活动起到了"存储"的功效，这些存储单元犹如时空胶囊，把过去"保存"其中并按照发生的先后次序排列，时间的流动只是人类在读取这些数据时所产生的幻觉。

　　事实上，爱因斯坦在狭义相对论的研究中提供了时间不会流动的证据，他曾说："简单而主观地感受时间的流动，让我们能够整理印象，判断某件事比较早发生，另一件事则比较晚发生。"与巴门尼德、圣奥古斯丁及麦克塔格特等一众哲学家一样，他也认为时间的流动并非停驻在"外面"的宇宙中，而是在每个人的心里。

既然时间不具有流动性，那么在日常生活中也可以做到不使用与时间流动性相关的词语。麦克塔格特列举了两种描述时间的方法，一种称为"A系列"，即根据过去、现在和未来的时间概念，这也被称为"有时态"的时间概念。比如有人告诉我们某件事在多久前发生，或还要多久才发生，显然，这种描述方式容易让人产生时间流动的感觉。另一种描述时间的方法称为"B系列"，即直接给某件事的发生贴上时刻的标签。如北京奥运会在2008年8月8日晚上8时开幕、早上8时10分开始上课等等，有人把这种描述方式称为"无时态"的时间概念。"现在"在"B系列"中失去了特殊地位，时间线所有的点都具有平等的立足点。按照"B系列"的描述把事件串成一串，结果就像一整块的时间，采用块状的时间概念，就容易得出时间的流动性只是幻觉的结论。

需要强调的是，否定时间的流动性并不意味着所有关于时态的语言都不能继续使用，正如我们现在心里都清楚地球在围绕太阳公转，而在日常生活中我们仍然习惯说"太阳从东边升起，从西边落下"这样描述太阳绕地球转之类的语言。从某种意义上说，把时间看作流动的更有利于我们理解事物变化的过程，描述更加便捷。而对时间流动性的思考与讨论，也将对人类全新时空观的形成产生重要影响。

3.4　怎样测量时间？

人类通过感官对周围的事物进行感知，而事物的状态变化过程按照一定的顺序进行，不断作用于我们的感官，从而让人类认识到事物变化过程具有时间性，进而能感知到时间。可见，人类对时间的感知必须通过其他事物间接进行。另外，心理学研究表明，记忆能够将人类感知事物变化的过程在大脑中留下影像，一旦人类失去了长期记忆的能力，他就无法感受到"时间的流逝"，更不可能形成时间的概念，所以，记忆对人类形成时间表象也是功不可没的。综合这两个基本因素，一方面人类本身不可能测量时间，只能通过事物的变化过程来实现测量，另一方面，由于人类记忆的特性，在选择哪种事物的变化过程来测量时，周期性的变化过程更容易和变化过程中的相对运动对象关联，比如太阳的东升西落不断循环，我们通过将太阳与地平线或山脉等对象关联，就可以知道一天的时间长度。这样的现象在我们周围还有很多，比如月亮的相位变化、潮汐、树木的枯荣、鸟类的迁徙等等，只不过它们的变化周期较长，有时并不稳定，也不容易观察。因此，人类就要开始自行制作精确的工具来测量时间。

根据相关历史记载，最早出现的计时工具是日晷，如图3-4所示。它的制作非常简单，只需要找一根棍子插在地上，观察太阳光投下的阴影，阴影移动到某个位置代表一定的时刻，将这些时刻所代表的位置做好记号，那么当下次阴影再次移动到这一位置就可以知道此时是什么时间。这种计时器的缺点也很明显，它依赖太阳，只能追踪白天的时间，夜晚来临时它就失去了功效，在阴雨天气它也会罢工。后来，人类又制造出了不需要太阳的计时装置，比如沙漏、铜壶滴漏（图3-5）等。这些仪器也存在很多缺点，比如沙漏在晃动的情况下会失准，不方便携带，而滴漏也存在这个问题，甚至在冬天水结成冰的时候就无法使用了。怎样制作出一个尽可能不受外界环境因素干扰，又方便携带且有一定精确度的计时器呢？

图3-4

图3-5

中国古代在这方面走在了世界前面。1090年，宋朝时期天文学家、药物学家苏颂主持建造了"水运仪象台"（图3-6）。这是一座把浑仪、浑象和报时装置三组器件合在一起的高台建筑，整个仪器用水力推动枢轮运转，轮子上有36个水斗，按一定顺序装满和倒空，当漏壶的水滴满一个枢轮水斗时，枢权失去平衡，格叉下倾，枢权扬起，轮边铁拨子拨开关舌，拉动天衡，天关上启，枢轮下转。由于"左右天锁"的擒纵抵拒作用，使枢轮只能转过一辐，依次循环往复，等时运转。这个巨大的装置依然具有前述缺陷，但是它依靠天衡系统对枢轮杠杆的擒纵控制来精确计时的方法开创了历史，两百多年后，欧洲才出现了利用落锤牵动轮子旋转的擒纵器（图3-7），无怪乎瑞士的一本世界钟表界权威书刊上写道："现代机械钟表中使用的擒纵器源自中国古代苏颂的发明"，而英国近代生物化学家、科学技术史专家李约瑟在书中记载："苏颂把钟表机械和天文观察仪器结合以来，在原理上已经完全成功，他比罗伯特·胡克先行六个世纪，比方和斐（与胡克同被西方认为是天文钟表的发明人）先行七个半世纪。"

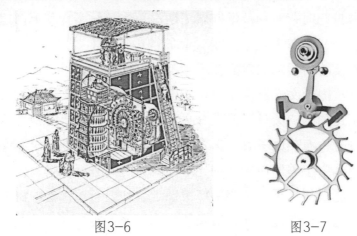

图3-6　　　　　　　　　　　　　图3-7

到13世纪末期，欧洲人依靠较为先进的制造工艺创造出全新的时间测量工具——机械钟。机械钟里面的核心部件为擒纵器，它可以让连续的动作规律化，比如用落锤牵动轮子旋转，等一段固定时间过去后，就会挡住轮子，然后放开，一"擒"一"纵"，这就是擒纵器名字的由来，最重要的是，轮子旋转的速率保持不变，这样就可以使机械钟上的小时长度保持固定，并在特定时间敲钟报时，这比日晷、水钟更加稳定、精确，因此，后来被迅速推广应用开来。1283年，英国的修道院安装了史上首座全自动、以重物带动的机械钟。后来在意大利北部又出现了钟塔（或称钟楼），用来提醒大众祷告的时间。随着技术的不断发展，16世纪中期在德国开始有桌上的钟，那些钟只有一支针，钟面分成四部分，使时间准确至15分钟。紧接着，可以随身携带的怀表问世了。钟表变得越来越普遍。

    人类在追求时间测量精确性的道路上一发不可收拾，其中物理学家们发挥了巨大作用。首先是16世纪末期，意大利伟大的物理学家伽利略在教堂中发现了单摆的等时性。受他的启发，17世纪时荷兰物理学家惠更斯进一步总结了计算单摆运动周期的公式，并发明了用于计时的摆钟（图3-8）。此后历经三百多年，科学家们对摆钟不断改进，摆钟的计时精确性不断提高。法国天文学家吉尧姆在19世纪末发明的天文摆钟测量误差甚至达到了一天只相差千分之几秒。正当全世界各地都普及了摆钟时，石英电子表又出现了。石英电子表借助特定频率的石英晶体产生周期性振荡为计时标准对时间进行计量，由于这种振荡能量损耗小，振荡频率极稳定，加上石英优良的机械、电气和化学稳定性，计时精确性得到极大提高，好的石英钟每天的计时能精确到十万分之一秒，也就是经过差不多270年才相差1秒。再后来，随着科学技术的进一步发展，精度更高的原子钟出现了。原子钟以特定原子（如铯原子）为振荡器产生振荡频率作为计时标准，由于振荡频率非常稳定，这种原子钟的精度非常惊人，达到了一千年才误差几毫秒的程度。如图3-9所示就是我国"天宫二号"中的冷原子钟。

图3-8

图3-9

在人类历史上，时间是测量最为精确的物理量。为什么对时间的测量如此"苛刻"呢？这是因为伴随着人类的进步、科技的发展，时间上细微的偏差都会对生产、生活产生至关重要的影响。例如全球定位系统需要网络中的卫星采用定时信号，信号由地面的原子钟传递给卫星时，如果差了十亿分之一秒，系统定位就会偏差30厘米，按照这个比例，差千万分之一秒的错误都将非常离谱，正所谓"差之毫厘，谬以千里"，时间的精确测量在现代生产生活、科学研究中有极为重要的价值和意义。

3.5 时间的单位是什么？

人类习惯于将具有重大意义和价值的事件载入史册，而且对事件发生的时间极为重视，事件发生时刻的准确性记录，是让人们感觉到历史事件客观、真实的前提，如1969年7月20日，人类首次登上月球。有些则更加精准，如1997年7月1日零时零分零秒，我国香港回归祖国。人类社会经过几千年的历史变迁，世界上大部分地区都接受了用年、月、日、时、分、秒等这些单位来描述时间，那么，这些时间的单位是怎样形成的呢？公认的国际单位又是如何得来的呢？

科学研究表明，不同的人或者同一个人在不同环境中，对时间的感知结果是不一样的。一个广为流传的例子是，如果一个人把手放在火炉壁上一分钟，他可能感觉已经过了一小时，而换作与意中人相拥而坐一个晚上，他可能觉得自己只过了一小时。从生理角度来说，这还跟每个人的生物钟不同有关。总之，仅仅靠人的直觉或感官来计时是非常不靠谱的。在早期的原始社会中，人类就发现了这个问题，他们需要寻找到客观、统一且可靠的测量工具。

天体的周期性运动引起了人们的注意，太阳与人类生存最为密切，它的活动直接影响人类的生存繁衍，以至于许多原始部落将其视为神灵或敬拜的图腾。太阳周而复始地东升西落，实际上是因为地球本身的自转，由于地球本身不会发光，且只有一面接收来自太阳的光照，因此，当受太阳光照的这面经历白天时，另一面的人们正在长夜中度过。随着地球周而复始地转动，这种白天和黑夜的轮替促使人类形成有规律的生物钟，日出而作日落而息。由此，人类自然形成了最早的时间计量尺度——日。

人们还观察发现，夜晚的月亮会出现周期性的圆缺变化，这种变化的周期更长，大约有30天，因此同样被用于对时间的计量，天文学上以月球绕行地球一周为一月，我国古代的传统农历（又称阴历）就是以此为基础得来的。农历把月亮圆缺一次的时间定作一个月，共29天半。为了算起来方便，大月定作30天，小月定作29天，一年12个月中，大小月大体上交替排列。农历不考虑地球绕太阳的公转运行，因此使得四季的变化在农历上就没有固定的时间，无法反映季节是它的一个很大的缺点。

更为长期、明显的周期性变化是春夏秋冬的更替，这个变化的周期大约为365天，人们将其规定为一年。它实质上是地球绕太阳公转的运动周期，而这一运动过程直接改变着地球与太阳的远近距离，从而导致地球气候的周期性变化。中国古代是农业社会，农作物的收成至关重要，为了使农业生产不误时节，古人也将一年划分为4个季节，24个节气，现行的

"二十四节气"是依据太阳黄经度数进行划分的，即在一个为360度圆周的黄道上，划分为24等份，每15度为一等份，以春分点为0度起点，按黄经度数编排，从黄经零度出发，此刻太阳垂直照射赤道，每前进15度为一个节气，运行一周又回到春分点，为一回归年，24个节气正好360度，太阳在黄道上每运行15度为一个"节气"。

年、月、日都跟天体运动相关，时间计量跨度很大，在节奏缓慢的农业社会应用是没有问题的。但随着西方工业革命的兴起，人们开始重视生产效率。资本家想要工人在机器启动前准时到达工作岗位，不能耽误生产；火车按照预定时刻出发，乘客迟到的话就无法坐上这趟车。所以，一天的时间划分就必须更细、更准。于是比"日"更小的计时单位"小时"出现了，加之钟表等测量技术的进步，"分钟""秒"等更精细的单位应用成为现实。人们将一昼夜划分为24小时，1小时划分为60分钟，1分钟又划分为60秒。这样精细的计时方法推动了工业社会的惊天巨变，也改变了人类的生活方式，人们对效率这个词的认识更为深刻，社会变化越来越快。到了20世纪，基于现实需要，比"秒"更小的"毫秒""微秒""纳秒""皮秒"等单位陆续出现了。显然，计时单位的变小，在某种意义上正代表着科学技术正在飞速进步。

在以上列举的时间计量单位中，"秒"被选为了国际单位制中的基本单位。基本单位是其他单位换算的标准尺度，是一切测量的基石，承担这一重任，自然是越精确、越稳定越好。最初，人们将一秒定义为一个平均太阳日的86 400分之一。但天文观测发现，地球自转并不规则，一天的长度是不断变动的，而地球绕太阳公转比地球自转更稳定。经国际度量衡大会与国际天文联盟协商，决定采用1900年的整个回归年的1/31 556 925.974 7作为一秒。然而，人们再一次失望地发现，地球公转周期其实也存在变动，于是不得不再次寻找新的标准。随着科技的迅猛发展，人们转而将目光投向了微观领域。原子发生能阶跃迁时，吸收或辐射一定频率的光子，也就是电磁波，这一频率极其稳定。于是在1967年第13届国际计量大会上，人们将铯-133原子基态的两个超精细能阶之间跃迁时所辐射的电磁波的周期的9 192 631 770倍的时间为一秒，其后还严格规定了这里的铯原子必须在海平面位置和处于绝对零度并且是处于零磁场的环境。尽管原子钟的精度已经极其惊人，但人类探索的脚步仍未停止，过去几年才发展出来的原子喷泉钟和离子阱原子钟等装置让我们有了新的期待。

3.6　永恒的命题

古罗马思想家奥古斯丁曾说过："时间是什么？你不问我，我很清楚。如若问起，我便茫然。"古往今来无数的哲学家和科学家对时间这一难题苦苦思索，到现在看起来得到了一定的答案，但似乎又有许多难以令人满意的地方。对时间本质问题的思考，将是人类发展历史中一道永恒的命题。

4

电流

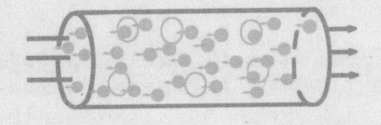

4.1 基本物理量中有电学量吗?

有!不过,在七个基本物理量中电学量只有一个,那就是电流。电流是电荷的定向运动形成的。这里说的物理量"电流"全称是"电流强度",描述的是电流的强弱,也可以说是电流的大小,其名称为电流强度(electric current),简称电流,简写为I或者i,其国际单位名称为"安培",符号为A,它描述的是电流的强弱,即单位时间内通过导体某一横截面的电荷量,简单地说,1安培表示1秒时间内通过导体某一横截面的电荷量为1库仑。

你知道吗?很长时间里电磁学没有属于自己的基本物理量。

19世纪的物理学中只有长度、质量和时间三个基本量,而且它们用的基本单位分别是厘米、克和秒,这就是以前人们常用的厘米–克–秒单位制(CGS单位制)。这是因为那时物理学中处于支配地位的是机械论的观点,认为全部物理学可以归结为力学,就连新发现的电磁现象的单位也是从力学单位导出的。当时科学家们从力学物理量及单位导出电磁学物理量及单位时遵循两个定律:一条是从静电学的库仑定律出发,用电荷间的作用力来定义电荷量及其单位;另一条是从安培定律出发,用电流间的作用力来定义电流的强弱及其单位。虽然再根据电流与电荷量的关系,这样两条途径在电流和电荷量之间推导得出的单位不同,但从理论上说它们是等价的。

但是人们在使用中发现,从厘米–克–秒单位制推导出来的很多单位的量值都非常小,用现在常用的国际单位制(SI单位制)举几个例子进行比较就能感受到这一点。比如力的单位"达因",1达因是使质量是1克的物体产生1厘米每二次方秒加速度的力,也就是说1达因等于10^{-5}牛,或者说约为0.001克力；再比如功的单位"尔格"，1尔格=1达因×1厘米，对比1焦耳=1牛顿×1米，我们可以知道1尔格等于10^{-7}焦耳，联系生活实际想一下 CGS单位制推导出的单位是不是量值都太小了呢？做实际工作的工程师们当然深有体会，这些单位用起来实在很不方便。于是一些实用的单位被补充进来，比如电动势的单位"伏特"、电阻的单位"欧姆"、电流的单位"安培"，还有能量的单位"焦耳"等等。但是这些单位因为是根据实际情况引入的，它们是原先那些定义出来的电磁学单位（后文称电磁系单位）的10的整数次方倍。比如1欧姆表示电阻的电磁系单位的10^9倍，1安培则是电流的电磁系单位的10^{-1}倍，1伏特是电动势的电磁系单位的10^8倍。这样使用起来当然也不方便。如何解决这个麻烦呢？理论指导实践，实践又促进理论的发展，正是解决这个麻烦的实践，推动电磁学从CGS单位制进入SI单位制。

首先是"焦耳"这个单位的提出，它是非常典型的理论与实践相结合的产物。"焦耳"不属于CGS单位制，它是在1882年由德国物理学家维尔纳·冯·西门子引入的。他就是著名的德国"电子电气之父"——一个能够将科学发现应用于实际的科学家和工程师。西门子引入"焦耳"，定义1焦耳表示1安培电流通过1欧姆电阻时在1秒时间内所产生的热量。1889年"焦耳"这个单位和电功率的单位"瓦特"一起被法定下来。

1922年，意大利的一名电气工程师乔吉发现，如果长度、质量的单位用米、千克来替换，那么"焦耳"将在所有领域中成为功和能量的自然单位，更重要的是欧姆、安培和瓦特都将成为新的单位制中的自然单位，因为1焦耳=1安培×1伏特，由之前说过的与电磁系单位的换算可知，$10^8×10^{-1}=10^7$，而1尔格就等于10^{-7}焦耳。至此用一套新的单位制来取代越来越不实用的CGS单位制显得越来越可行。

乔吉从自己的实际工作出发，认为电磁学量不能全部归结为力学量，应当增加一个电学量作为基本物理量，这样电学量就可以在量纲上与力学量区别开来。乔吉的建议是，增加电阻为基本物理量，其单位为"欧姆"。

后来国际电学大会支持了乔吉的增加电学量的建议，不过增加的基本物理量却不是乔吉选择的电阻，而是电流。

4.2 作为基本物理量的为什么不是电阻，而是电流呢？

电阻是怎样形成的呢？以金属导体为例，在金属导体中除了有大量的自由电子之外，还有晶体结构点阵上的原子，我们把失去一些核外电子的金属原子叫作原子实，主导体中的自由电子在电场力作用下做定向运动的过程中，电场力将对自由电子做功使电子的动能增大，同时自由电子又不断地与晶体点阵上的原子实碰撞，将它的一部分动能传递给原子核，使原子实的热振动加剧，导体的温度就升高。由此可见，自由电子与晶体点阵上的原子实碰撞形成对电子定向运动的阻碍作用，这是电阻产生的根本原因，也是电阻在通电时发热的原因。

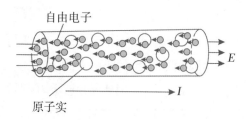

图4-1 金属导体中的自由电子和原子实

很明显，这个结论是科学家经过研究所获得的结论，在早期电阻的大小定义就是人们的逻辑思维的产物，并没有特定明确的标准。

下面我们看看前面提到的从力学物理量及单位导出电磁学物理量及单位时的情况。

从库仑定律出发。库仑定律是静止点电荷相互作用力的规律，它是1785年法国科学家库仑由实验得出的，具体内容为：真空中两个静止的点电荷之间的相互作用力同它们的电荷量的乘积成正比，与它们的距离的二次方成反比，作用力的方向在它们的连线上，同名电荷相斥，异名电荷相吸。库仑定律的表达式为：

$$F = k\frac{q_1 q_2}{r^2}$$

值得注意的是，现在我们用的库仑定律里的 k 是一个有量纲的非1的数，我们把它称为库仑常量，但在最初推导电磁学物理量时，这个式子里的 k 是一个大小等于1的无量纲的量。根据当时使用的CGS单位制，科学家们定义电荷量 Q 的单位为夫兰，当两个电荷量相等的电荷在真空中相距1厘米，并且它们间的相互作用力为1达因时，定义它们各自的电荷量大小为1夫兰。定下电荷量的单位后，就可以根据电流的定义（单位时间内通过导体某一横截面的电荷量）来描述电流的强弱了，其表达式为：

$$I = \frac{Q}{t}$$

从安培定律出发。1820年，法国科学家安培受"电流的磁效应"的启发，经研究提出磁针转动方向和电流方向的关系及遵从右手定则，之后这个定则被命名为安培定则。通过安培定则可以简单快捷地判断电与磁两者的方向关系。经过进一步的实验定量研究，安培运用其超高的数学技巧总结出电流元之间作用力的定律，描述了两电流元之间的相互作用力与两电流元的大小、间距以及相对取向之间的关系，并总结出载流回路中一段电流元在磁场中受力的基本规律，这就是安培定律。在电磁系中第一个方程最初为磁荷库仑定律，之后磁荷（也称作磁极强度）的概念被淘汰了，安培定律后来演变为电磁系定义顺序中的第一个方程，即：

$$\frac{F}{L} = r\,\frac{I_1 I_2}{d}$$

其中，F/L表示单位长度上受到的力，系数r是一个大小等于1的无量纲的量。类似从库仑定律出发推导时的做法，科学家们定义了电流的单位为毕奥。当等大的两个电流在相距1厘米，并且在每厘米的电流上的相互作用力大小为1达因时，定义这两个电流的大小为1毕奥。

从这两条电流的推导思路出发，我们同样可以发现，早期对电流的大小定义也是人们的逻辑思维的产物，并没有特定明确的标准，两个无量纲且大小为1的常数就是非常明显的特征。那么，为什么最终科学家们选择了电流作为基本物理量呢？

4.3 电阻？电流？电压？电荷量？为什么最终是电流呢？

这么多电学量，还有磁场强度、磁感应强度、磁化强度、磁通量等磁学量，为什么最终国际单位制选择的唯一一个电磁学的基本物理量会是电流呢？让我们到电磁学发展史中去找寻答案吧。

　　最早被人们注意到的电现象大概就是雷雨时的电闪雷鸣了。很久以前，人们还不了解电的时候，就已经感受到雷电的力量，雷电可以击中物体并带来灾难，在很长的时期里，雷电是很恐怖而又神秘的东西。公元前600年左右，古希腊学者泰勒斯就发现了摩擦过的琥珀可以吸引草屑等轻小物体的现象；16世纪，英国科学家吉尔伯特研究这类现象时根据琥珀的希腊文创造了英语中的"电"这个词"electricity"；18世纪，美国科学家本杰明·富兰克林的著名风筝实验证明雷雨时的闪电是一种放电现象，并且实验中产生的电火花也证明雷电的性质与摩擦产生的电的性质完全相同。而摩擦在某些材料表面导致的电荷积累，就是我们今天说的静电现象。虽然静电的研究也带来了一些实际应用，但是电荷积累的电量的多少是需要根据元电荷（单个电子或者质子的带电量的绝对值）或者电流的定义式$I=Q/t$（即单位时间内通过导体某一横截面的电荷量）来推算的。早期并没有直接方法来数出电荷，而且元电荷e的数值（单个电子或质子所带电荷量的多少）也要到1909年美国实验物理学家密立根做的油滴实验才被计算出来，而如果用$I=Q/t$来推算电量，就得先测算出电流强度。

　　电流、电压与电阻这三个量大约是有点电学知识的人最熟知的电学量，它们之间遵循以下关系：部分电路上电流$I=U/R$，而包含电源的全电路上电流$I=E/(R+r)$。这就是著名的欧姆定律，在初中物理中我们就学习了部分电路欧姆定律的知识，进入高中我们会进一步学习全电路欧姆定律。其中E表示电源的电动势，r表示电源的内电阻，将两者结合使用来进行基本电路的参数计算。最早推导出欧姆定律的人是德国的物理学家欧姆。因为受到库仑研究库仑定律时发明的扭力秤的启发，欧姆于1826年设计出一种丝悬磁针电流计。根据奥斯特发现的"电流的磁效应"，只需要将磁针放置在电流附近，就可以根据磁针的偏转角度来确定电流强度，这样被测量的电流就不需要通过仪器本身。测量的关键在于磁针偏转的角度与电流强度的线性关系，这使欧姆能将电流强度作为一个电路参量抽象出来。另一方面，根据德国科学家塞贝克发现的温差电效应，欧姆还设计出了温差电池。温差电池的优点在于它的电动势与温差电偶两端温度的差成正比，而且它不会产生伏打电池所固有的电极极化现象。这也使欧姆能将电动势作为电路的另一个重要参量抽象出来。1826年，欧姆通过实验总结出了欧姆定律。1827年，欧姆从热和电的相似性出发进行类比，并利用法国著名数学家、物理学家傅立叶的热分析理论，从理论上推导出欧姆定律，并引入了欧姆定律的微分形式。

在前文中我们说过电阻在定量时是逻辑思维的产物，电动势描述的是电源能量转化的能力，也需要其他量作为定量标准。电流强度则是可以通过仪器测量出的物理量，而且在当时电流强度还可以联系电荷量，进而联系电荷间作用力和电流间作用力的计算，这也显示了它在各物理量之间推导转换时的特殊作用。

电流强度不仅在狭义电学的物理量之间转换时发挥作用，而且通过它还可以联系到狭义磁学，在近现代物理学看来，磁现象主要是由运动的电荷产生的。

1800年，意大利物理学家伏特发明了伏特电池，这成为稳恒电流的来源。稳恒电流就是电流强度不变的电流。消息传开，年仅23岁的丹麦科学家奥斯特意识到，伏特电池能给他的研究带来机遇。奥斯特一直深信电和磁一定有某种联系，他也一直在寻找揭示这种联系的现象。机会总是青睐有准备的人，在1820年4月的一个晚上，奥斯特正在向学生讲授有关电和磁的问题，他把导线和磁针平行放置做演示实验，在奥斯特把磁针移向导线下方，他的助手接通电池的一瞬间，奥斯特发现磁针发生了轻微的晃动。奥斯特马上意识到这一现象就是自己多年来盼望看到的。他立刻对这个现象进行研究。运用控制变量的方法，通过大量的实验，奥斯特逐步认识到，控制电流的磁效应强弱最关键的不是金属材料的贵贱，而是金属丝的粗细。奥斯特又用上更强的伏特电池，终于弄清楚：电流的磁效应是沿着导线电流的螺旋方向。电和磁是有紧密关系的！载流导线的电流会对磁针产生作用力，使磁针改变方向，即"电流的磁效应"。这是人类历史上第一次发现电与磁之间有联系。

1820年9月4日，法国科学家阿拉果向法国科学院报告并演示奥斯特的实验，"电流的磁效应"极大地震撼了长期信奉库仑关于电与磁无关的信条的安培。安培怀着对科学的强烈敏感迅速投入研究，于9月18日、9月25日和10月9日的法国科学院例会上，安培提交了三份研究报告。报告指出，线圈通电时对磁针的影响与磁铁相似，他推断磁铁之所以能够使磁针运动，是由于内部存在着环形电流，他认为磁针之所以指向南北，是因为地球内部存在着与赤道方向一致的环形电流，磁在本质上是电荷运动的结果。但是，电流会使铁发热，而实际上磁棒并不比周围的环境更热。因此支持分子论的安培于1821年接受好友法国光学家菲涅尔的建议，将圆环电流从宏观的棒体转换到微观的分子上，这就是著名的分子环流假说。分子环流假说揭示了磁现象的电本质。奥斯特和安培为电磁学做出开创性的研究，后人为纪念他们，把磁场强度的单位定为奥斯特，把电流的单位定为安培。

这里就磁场强度说明两个问题：第一个是国际单位制（SI制）中磁场强度的单位是安培每米（A/m），但奥斯特（Oe）却是厘米–克–秒单位制（CGS制）的单位，因为在那个时期人们还在用厘米、克、秒这些单位来推导其他单位；第二个是我们现在谈磁场的强弱，多用磁感应强度（简写为B）国际制单位为特斯拉（T），并不常用磁场强度（简写为H）。这是为什么呢？首先这并不是两个单位制不同造成的。在CGS制中也有磁感应强度这个物理量，不过其对应的单位是高斯（Gs）。顺带说一句，由此，CGS制衍生出来的电磁单位系统中有一种常见的单位制就是高斯单位制，也因此很多时候，CGS制又被直接叫作高斯单位制。SI制和CGS制这两种最常用的单位制中，都有物理量磁场强度（其单位分别为A/m和Oe），也都有物理量磁感应强度（其单位分别为T和Gs）。但是，磁场强度在历史上最先由磁荷观点引出。类比于电荷的库仑定律，当时人们认为存在正负两种磁荷，于是提出磁荷的库仑定律。单位正电磁荷在磁场中所受的力被称为磁场强度。但安培提出的分子环流假说让人们认识到并不存在磁荷，磁现象的本质是分子电流。自此磁场的强度就多用磁感应强度来表示了。但是，今天在磁介质的磁化问题中，磁场强度作为一个导出的辅助量仍然发挥着重要作用。

电流周围存在磁场，磁的本质还是电流。在这个理念的指引下，1822年安培发布安培定律。安培定律可以看作毕奥—萨伐尔—拉普拉斯定律与安培力公式的组合，其较为简单的形式可以写成：

$$\frac{F}{L}=r\,\frac{I_1 I_2}{d}$$

其中*F/L*表示单位长度上受到的力，*r*是系数（在CGS制中系数*r*是无量纲的量，但在SI制中系数*r*是有量纲的量），*d*是两个电流的距离。结合我们在中学学习的安培力知识（磁场中垂直放置的一恒定电流所受的磁场力的计算公式*F=BIL*），不难发现如果磁场是另一个恒定电流I_2产生的，其周围的磁感应强度（符号*B*）有：

$$B=r\,\frac{I_2}{d}$$

于是，电流强度就将电学和磁学联系起来了，从此电学和磁学融合发展成电磁学。

物理学发展到这时，我们看到之前的电流强度通过安培定律将力学量和电学量或磁学量联系起来，现在它又在电学量和磁学量之间搭起桥梁。可以说，电流强度就像科学的各个分支中物理量的中转站，相对于其他的电学量、磁学量，电流强度的地位特殊且重要。

4.4　电生磁，磁能生电吗？

能！进一步巩固电流在人们生产生活中地位的重要发现就是"磁生电"，是这个发现让电流能够走进千家万户，成为今天人类不可缺少的生活必需品。

很多读者都知道"磁能生电"，这正是今天交流发电机的工作原理。但是从1820年奥斯特的电流产生磁场这一发现之后，科学家们过了10年才真正取得磁场能产生电流的突破性进展。

英国物理学家迈克尔·法拉第原来是著名的英国化学家戴维的助手，1821年《英国哲学学报》编辑部邀请他写一篇关于电磁学研究的述评，这使他将研究转向电磁学这个新的领域。法拉第重复了多位物理学家做过的相关实验。在仔细分析了这些实验结果之后，他坚信电和磁之间有更深刻的联系，不仅电流能够产生磁，磁也会产生电。他希望用自己的实验来证实这个想法。法拉第设计了各种各样的实验，希望通过磁来产生电，但是却一次次失败。一直到1831年，在这一年的8月29日，他在一个软铁做成的圆环上绕了两个相互绝缘的线圈，第一个线圈和电池相连，第二个线圈用一根导线连通，导线下面放置一个距离铁芯约1米远的小磁针，充当电流通过的指示器。

 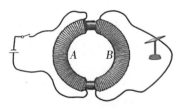

图4-2　法拉第做实验用的线圈　　　图4-3　法拉第实验示意图之一

当接通第一个线圈的电流时，法拉第看见指针突然摆动，然后回归原位；当断开第一个线圈的电流时，指针再次摆动，然后回归原位。指针摆动，这说明在其上方的导线中出现了瞬间的电流，因此同时产生了瞬间的磁场。这根导线是与第二个线圈连接的，这反映出此时第二个线圈中有产生瞬间的电流。在这个实验中两个线圈是相互绝缘的，这是为了保证电流是彼此独立的。在此基础上，法拉第进一步提出了两个极有见地的问题。第一个问题，软铁圆环能不能不要？于是他用木料换下了软铁圆环，重新做实验，仍然可以看到磁针摆动的现象。第二个问题，不用两个线圈，改用磁铁来相对于一个不含电源的闭合线圈运动，这个线圈里能否产生电流？因为奥斯特的实验是用恒定强度的电流来产生磁场，所以法拉第之前的基本思路都是用恒定的电流或者恒定的磁场来做实验，希望看到恒定强度的电流或者恒定不变的磁场也能感应出电流。为此法拉第花了10年的时间去探索，现在他发现，原来需要的是"变化"，加上用电流来产生的电流仍然不足以直接表现"磁生电"这件事，法拉第尝试直接用磁体进行实验，并让磁体运动使其周围的磁场情况发生变化。基于上述思考，法拉第于1831年9月24日设计了图4-4所示的实验。

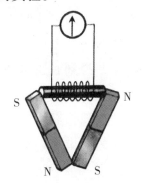

图4-4　法拉第实验示意图之二

如图4-4将两根条形磁铁摆成V形放置，并在其张开的两端（分别为S极和N极）之间放一根绕有线圈的圆铁棒，线圈与电流计连接，法拉第发现当圆铁棒脱离或者接触磁极的瞬间，电流计的指针发生了偏转。这说明在圆铁棒脱离和接触磁极的瞬间线圈里出现了电流。这个电流的产生是因为铁棒中的磁场发生了变化吗？紧接着，10月17日法拉第又设计了一个实验。他在一个纸做的空心圆筒上，用六七十米的铜线绕了8个线圈，再将这8个线圈串联或并联后与电流计连接，然后将一根条形磁铁以不同的速度插进空心圆筒内，观察电流计指针的偏转情况。法拉第发现，电流计的指针不仅发生了偏转，而且磁铁插进的速度越快，电流计指针偏转的角度越大，磁铁拔出时亦然。

发现有磁生电的现象之后，法拉第又经过两个月的奋战，找到了一种更为简单的办法，只需要用一根蹄形磁铁和一个闭合线圈就可以获得大小和方向都不断变化的电流。法拉第就是在这种不断重复、不断改变的实验过程中找到了磁生电的金钥匙。这不是一种稳态效应，而是一种在变化运动过程中才会出现的效应，法拉第把这种由磁得到电的现象称为电磁感应现象，并把电磁感应现象中产生的电流叫作感应电流。与法拉第同时期，还有许多有才华的科学家也在孜孜不倦、苦心探索磁生电的方法，但都失败了，说到底还是"静电"和"静磁"的框架束缚了他们的头脑。大凡人们在思考问题的时候，总喜欢按照习惯的方法和现有的思想体系来进行逻辑推理，这就是思维定式。思维定式有的时候会束缚创造力，这时就需要有胆识过人的科学家敢于打破常规，另辟蹊径。法拉第的成功，不仅在于他面对失败时锲而不舍的精神，更在于他能通过反思改进方法，突破思维定式。

至此，可以非常肯定地说电流串起了电学和磁学。一方面，静止的电荷周围只有电场，电荷必须运动起来形成电流（电流或者是稳定持久的，又或者是瞬间的）才会产生磁场，而电流的强弱关系着其产生的磁场的强弱。另一方面，变化的磁场和变化的电流，又或者让磁铁运动起来，再或者让磁铁中的导体运动起来，这些都能引起电磁感应现象，感应电流就是闭合回路中的这种现象的产物。电路中感应电流的强弱依然符合欧姆定律。

随着磁生电的突破，电力成为人们生活中的重要能源，电流在人类社会中的地位也变得非常重要。而作为定量表示它的物理量，电流强度这个电磁学与力学的桥梁，其重要性也是不言而喻的。也许就缘于此，国际电学大会选择电流强度作为基本物理量。

4.5　法拉第的故事

1791年9月出生于贫苦铁匠家庭的法拉第幼年时没有受过正规教育，只读了两年小学。

1803年，法拉第为生计所迫上街头当了报童，第二年又到一个书商兼订书匠的家里当学徒。正是在订书店里的工作，让法拉第接触到各类书籍，他带着强烈的求知欲，如饥似渴地阅读，汲取了许多自然科学方面的知识。法拉第私下里还努力做了各种实验，力求把书上写的变成自己能看到的。法拉第曾说："一件事实除非目睹，我绝不能认为自己已经掌握。""我必须使我的研究具有真正的实验性。"他在艰难困苦中选择科学为目标，就决心为追求真理而百折不回，义无反顾，不计名利，刚正不阿。那么，一个贫困的订书店学徒是怎么变成一位科学家的呢？

1812年12月的一天，英国化学家戴维正在看他的邮件，其中最大的信封里是一本厚厚的书，足足有368页！硬封面上烫了金字"戴维爵士讲演录"。戴维觉得很奇怪，是哪位出版商借用自己的名字出书呢？然后他发现这300多页书是用漂亮的字体手工抄写的，而且附带了不少精美的插画，书中夹着一张信笺，内容大意为："我是一个刚刚满师的订书学徒，热爱化学，有幸听过您4次演讲，整理了这本笔记，现送上，如能蒙您提携，改变我目前的处境，将不胜感激。"最后的签名是迈克尔·法拉第。戴维将信看了两遍，不由得动了恻隐之心。他联系了法拉第，两人进行了谈话。戴维指着自己手上和脸上的伤疤对法拉第说："牛顿说过，'科学是个很厉害的女主人，对于为她献身的人只给予很少的报酬'。她不仅这么吝啬，有时候还很凶狠呢，你看我为她效劳几十年，她给我的就是这样的奖赏。"法拉第坚定地说："我不怕这个！"戴维又说："这里工资很低，或许还不如你当订书匠挣的钱多呢！"法拉第回答说："钱多少我不在乎，只要有饭吃就行。"戴维追问一句："你将来不会后悔吧？"法拉第说："我决不后悔！"就这样，法拉第成为戴维的助手，正式踏进了科学的殿堂。

法拉第终身在英国皇家学院实验室工作，多次谢绝各种高薪聘请，甘愿当个平民，把全身心献给了科学研究事业，终生过着清贫的日子。直到去世，法拉第获得各国赠给他的学位和头衔多达94个，而他的墓碑上只刻着："迈克尔·法拉第生于1791年9月22日，殁于1867年8月25日。"后人为了纪念法拉第，特意用他的名字来命名物理量电容的单位，简称"法（F）"。

法拉第对电磁学的贡献不仅是发现了电磁感应现象，他还在大量实验的基础上，创建了力线思想和场的概念。所谓"力线"，就是我们现在为形象描述看不到的电场、磁场、引力场而画的人为假想的线。他在研究电感应和磁感应传播时，感觉到数学基础很不够，于是他把他的想法写了下来。他说："我倾向于把磁力从磁极向上分布，比作受扰动的水面的振动，或者比作声音现象中空气的振动，也就是说，我倾向于认为振动理论将适用于电和磁的现象，正像它适用于声音，同时又很可能适用于光那样。"但很长时间里，他文字中描述的这个领域都无人问津。光阴荏苒，1855年英国物理学家、数学家麦克斯韦的一篇新论文《论法拉第的力线》让法拉第激动不已。文章中把法拉第的力线理论比作一种流体场，又借助流体力学的研究成果推导出一组矢量微分方程，这就是初见雏形的现代电磁学理论。麦克斯韦在见到比自己年长40岁的法拉第这位电磁学的前辈时曾腼腆地问："先生能给我指出论文的缺点吗？"当时已经70高龄的法拉第想了想说："你不应当停留于用数学来解释我的观点，你应当突破它！" 或许就是这句话鼓励了麦克斯韦，他不懈地努力，去攀登经典电磁理论的顶峰，终于在1865年，建立了完整的电磁场理论方程。两年后，法拉第带着自己的理论后继有人的无限欣慰，平静地离开了人世。

4.6　"电学牛顿"安培与电流强度的单位"安培"

在1820年以前，电学是指静电学，电流学是指电流的各种效应，磁学是指关于磁石、指南针以及地磁的知识。但在1820年安培开始研究电与磁的关系以后，电与磁就紧紧联系在一起了。因循着磁的本质就是电流这一思想，磁体与磁体、磁体与电流、电流与电流之间的作用，就可以归纳为电流之间的相互作用。在安培看来，寻求电流之间的相互作用力就是最基本的任务。安培在处理电磁现象时，参照了牛顿力学的方法，仿照牛顿力学，把电磁力简化为电流元间的吸引力和排斥力，并在其相关论文的开篇提出："遵照牛顿的物理学方法，我们的目标就是要找到力的表达式。"类似于静力学和动力学，安培首次将研究动电现象的理论称为电动力学。1827年，安培将其对电磁现象的研究综合在《电动力学现象的数学理论》（书名很明显也跟牛顿的《自然哲学的数学原理》相似）一书中，这是安培一生最重要的著作，也是电磁学史上的一部重要的经典论著，对其后电磁学的发展起了深远的影响。虽然安培不是最终建立电磁学完整大厦的那个人（大家公认那个人是麦克斯韦），但是安培是为此奠基的人，安培的电动力学代表了19世纪20年代电磁理论的最高成就。他不仅以"分子电流"揭示磁现象的电本质，而且他于1820年12月2日首先引入"电压""电流强度"等名词，并提出电流以正电荷定向移动来确定。安培还第一个研制出电流计来测量电路中的电流。著名的"安培环路定理"指出磁场是"无源有旋"的矢量场——这一卓越贡献，被麦克斯韦誉为"科学史上最光辉的成就之一"。麦克斯韦将安培称为"电学中的牛顿"。

身为法国人的安培是法国、英国、德国和瑞典四个国家的院士，这在科学史上是罕见的。为纪念他在电磁学领域的杰出贡献，物理量电流强度的国际制单位被定为"安培"。

今天，这个单位的文字定义是，1安培表示1秒时间内通过导体某一横截面的电荷量为1库仑。但在电荷量还没有办法直接测定的年代，电流的单位并不是这样来定义的。

在CGS制盛行时，实用的电流单位定义为：当电流通过硝酸银溶液使溶液每秒析出1.118毫克银时电流的大小。1908年伦敦举行的国际电学大会上，把这一定义称为"国际安培"。

1946年，国际计量委员会又提出1安培表示这样大小的电流：在真空中相距1米远平行放置等强恒定的无限长的两个电流，圆横截面积可以忽略，其相互作用力为每米2×10^{-7}牛。这样每根导线中的电流强度都为1安培，又称"绝对安培"。

"绝对安培"的定义经1948年第9届国际计量大会通过一直沿用很久。在SI制中当时的这个定义只是为了使1安培等于0.1电磁系单位，这样在当时更方便大家换算。这意味着，在SI制中给电流强度的单位安培下定义时并没有参考安培定律，类似的还有在SI制中给电荷的单位库仑下定义时没有参考库仑定律，而是参考万有引力恒量给系数k安排一个量纲为$N \cdot m^2/C^2$的值。根据实验数据，最终k的近似值为$9 \times 10^9 N \cdot m^2/C^2$。

后来人们还根据"绝对安培"这个定义来定义电势差（俗称电压）的单位，它被简单地宣布为："当电流强度为1安培的电流通过1欧姆电阻时电势降落为1伏特。"

"绝对安培"的定义用了很久，直到2019年5月"安培"开始实施新的标准。做出这么重大的改变，是因为作为基本物理量，电流强度承担着联系电学、磁学、电磁学和力学的重要作用，从电流强度的定义式$I=Q/t$来看，还可以认为它也联系着微观的电荷量与宏观的电流。这么重要的地位，它当然应该具有极高的稳定性、可校准性等特点，但是长期使用的"绝对安培"定义却存在着严重的缺陷，不能满足现代科技对这些特点越来越严格的要求。

首先，在其定义中，"无限长"和"圆横截面积可以忽略"在现实世界中都是难以实现的无穷大和无穷小。这样定义显然增大了其在现实世界中实现和标准单位校准的困难性，并且这个定义还借助了力和距离的测量，所有这些都使原有定义的稳定性与可校准性受到较多的限制。

再来看这个定义，没有规定平行放置的两个电流方向是同向还是反向。无论这两个电流是同向还是反向，之间的磁力作用的大小是不会变的。但是这与实际并不相符。当电流强度越来越弱，小到必须注意是一个个电荷在运动的时候，我们会发现，同样快慢向相同方向运动的两个电荷之间是相对静止的，这时它们之间只有电荷间的库仑力，没有电流间属于磁力的安培力。现在地球上对库仑定律的高精度实验已经证实了这个观点，相对于该实验装置运动的观察者广泛存在，如汽车、火车、飞机、人造地球卫星、宇宙飞船等等，但它们的存在都不影响库仑定律实验测定的库仑力。假如这种情况下的两个电荷的运动是相反方向的，则要更关注洛伦兹力！在现有的相对论、超弦等理论中，库仑力是不随参照系变化的量，但洛伦兹力会因为相对运动速度的大小、方向的不同而变得不同。而且除了电流强度越来越弱带来的影响外，当导线越来越细的时候，比如在集成电路中细连线的量子作用也是需要被考虑的。而当初在定义"绝对安培"的时候考虑的仅仅是宏观导向且是电中性的，且只有磁力作用时载流导线的理想情况。

那么，怎么解决"绝对安培"定义中的这些缺陷呢？

科学家们发现电荷量Q（爱因斯坦在其狭义相对论中称之为"电荷的量"）是一个不会随参考系变化的量，所以，随着科技的发展，尤其是微观观测领域技术的进步，科学家们决定采用微观的电荷来帮助定义"安培"。紧扣物理量电流强度的基本定义——电流的强弱，即单位时间内通过导体某一横截面的电荷量，从电流强度的定义式$I=Q/t$出发，这样就可以回避力和距离等的测量量，有效增加安培定义的稳定性和可校准性。

那么如何具体来做这个定义呢？科学家们将物理常数和所

测量的单位联系起来，以电子电荷量为基础来定义"安培"。

　　用于测量单个电子电荷量的单电子泵，可以捕捉快速通过导体的电子，加之今天已经能精确测定元电荷e（即基本电荷）的电量，人们完全可以通过计数电子的个数来测量电流。

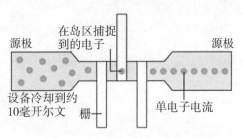

图4-5　实验定义示意图

　　随着基本电荷测量精度的不断提高，2019年5月"安培"正式开始使用新的定义，根据$I=Q/t$，1安培是相应于每秒流过1库仑的电流，而1库仑利用基本电荷e来确定，根据最新测定的元电荷e的数值精确地等于$1.602\ 176\cdots \times 10^{-19}$C。这样"安培"的最新定义表述是：安培是相应于每秒流过$1/（1.602\ 176\cdots \times 10^{-19}）$个基本电荷的电流。

　　重新定义的"安培"并不会影响我们日常的测量，我们也并不需要因为"安培"的重新定义来改变我们原有的用电常识，而对于需要高精度的科研工作者来说，重新定义后的方案，允许他们以多种方式在任何时间、任何地点、任何规模下进行测量。

5

温度

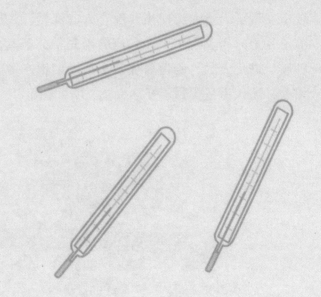

5.1 为什么选温度作为基本物理量之一？

温度，宏观上表示物体的冷热程度，跟人的触觉有关。准确地说，基本物理量之一的温度指热力学温度，又称开尔文温标、绝对温标，简称开氏温标，符号为T，国际制单位开尔文，简称开，符号K。

早在蛮荒的远古时代，我们的祖先群居于山林。那时山火频发，人类逃离到安全地带去。山火之后，人类重返故地，发现高温烤熟的猎物吃起来更美味，"火化了腥臊"，人类还发现火能驱散野兽和寒冷，于是开始思考如何使用火。人类使用火的历史可以追溯到50万年以前。考古学家从周口店北京人遗址中发现了大量人类使用和保存火的证据，人类用火的历史提前了几十万年。有了火，我们的祖先学会了煮熟食物，使延续种族、进化大脑、确保居住安全、发展生产等成为可能。学会用火，被认为是找到了开启人类文明的钥匙。

图5-1　北京猿人洞中挖出的灰烬、炭屑

大约5 000年前，人类发现外感风寒体温就会升高，由此产生了中医学的概念，最初人类用针灸和刮痧来处理，到大约3 000年前发明了汤药制剂。

我国的冶铁技术最迟从春秋中期已开始使用铸造技术，将铁矿石加热到熔化状态，得到高温液态铸造生铁。在青铜器制作技术最发达的商周时期，已使用熔炼温度可达1 000 ℃以上的竖形炉。

图5-2　火焰山风景区的巨型电子温度计　　　图5-3　南极冰山

2015年7月20日，新疆吐鲁番火焰山风景区的巨型电子温度计上显示的实时地表温度接近65 ℃。

氢弹爆炸中心的温度为10^8 K，太阳中心的温度为1.5×10^7 K。地表上出现的最高温度在伊朗境内的卢特沙漠，最高可达344 K（71 ℃）。地表上出现的最低温度在南极，为185 K（－88 ℃）；实验室已获得的最低温度为2.4×10^{-11} K。标准状态下，寒冬腊月，气温低于0 ℃时水就开始结冰；春暖花开，气温高于0 ℃时冰块开始融化；当把水加热到100 ℃时，它就会沸腾并释放出大量水蒸气；当我们感冒头晕去医院时，医生会首先用体温计给我们测温，如果高于37.3 ℃，就称为发烧。

可见，温度和我们的生活息息相关，毫不夸张地说，温度的概念伴随着整个人类的文明史。当然，选它作为基本物理量主要还是因为它在物理学中的重要地位。

物理学是研究物质结构和运动基本规律的学科。它有很多分支：力学、热学、电磁学、光学、原子和原子核物理、凝聚态物理学、粒子物理学等等。我国物理学家、热力学统计物理研究开拓者王竹溪（1911—1983）说："热学这一门科学起源于人类对热与冷现象本质的追求……（这）可能是人类最初对自然法则的追求之一。"热学是物理学的一部分，它主要研究热现象的规律。用来描述热现象的一个基本概念是温度，温度变化的时候，物体的许多性质都可能会发生变化。

所以，无论从人类发展史，还是从物理学科对研究对象描述的必要性，温度成为基本物理量都是理所当然的。

5.2　温度的宏观表现和微观实质

图5-4　"小心烫手"标志牌和黄昏下的炊烟

温度在宏观上表示物体的冷热程度。这也是我们初始接触温度时课本上给的定义，非常通俗又可触、可感。当我们在公共场合的供水处取热水喝时常常可以看到"小心烫手"的标志，这表示水温会令人觉得"太热"。

微观上，温度和分子运动的剧烈程度对应，用来描述分子热运动的平均动能。温度越高，分子运动越剧烈，平均动能越大。当我们傍晚回家推开家门时，闻到饭菜的香味就可以判断锅里面煮了什么美食，可是如果你贪玩回得太晚，饭菜已凉，你推开家门时可能就闻不到香味了。这是因为温度变低之后分子运动的剧烈程度降低，飘到你鼻孔的带着香味的分子数目也会减少。

我们都有这样的体验：一把冷的金属汤勺被插到一碗热粥中片刻，你拿起汤勺准备吃粥，汤勺碰到了嘴唇，一瞬间就被烫了一下，这是因为在汤勺放入粥的过程中，热量自发地从热粥传递给冷的汤勺，一段时间之后二者会达到热平衡，此时，它们有一个相同的量，即温度。这就是人们最初认识和定义温度的途径。

我们把上面的具体情境抽象成一般意义上的概念：系统内各部分的状态参量能够达到稳定状态称为"平衡态"，两个系统接触时状态参量不再变化即称为达到了"热平衡"，处于热平衡的两个物体具有某个共同的热学性质，即温度相同。

5.3 测量温度的仪器——温度计

对热现象的实验研究是从测量物体冷热程度——温度开始的。最初测量温度的原理大多利用了物质热胀冷缩的性质。

伽利略（1564—1642），意大利天文学家、物理学家和工程师，欧洲近代自然科学的创始人，被称为"观测天文学之父""现代物理学之父""科学方法之父""现代科学之父"。

第一个测温仪由伽利略于1593年发明，称为验温器。他将一个颈部很细的玻璃长颈瓶装上一半有颜色的水，并倒过来放在碗中，碗里也有同种颜色的水。温度变化，瓶泡中的空气会膨胀或收缩，瓶颈部的水柱就会上下运动，这种温度计叫作气体温度计。

法国化学家詹·雷伊（1582—1630）对伽利略的验温器进行了修改，他将长颈瓶倒过来，用水的膨胀来表示冷热程度。这种液体温度计于1632年才被介绍出来。因为管子上端未封口，所以会因为水的蒸发而引起测量误差。二十多年后，意大利佛罗伦萨的院士们用蜡密封了管口，把玻璃泡中的水换成酒精，并把刻度附在玻璃管上，这在结构上已经接近现在温度计的样子

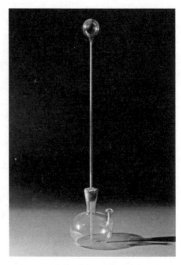

图5-5　伽利略博物馆现存的16世纪伽利略发明的气体温度计

了。1659年，巴黎天文学家伊斯梅尔·博里奥制造了第一个用水银作测温物质的温度计。

此后，温度计的制作和改进主要从两方面进行，从而也促进了对热现象的研究。其一，为了定出温标，需要确定一些"定点"，这促使了人们对冰和其他物质的熔解和凝固温度进行研究，发现了在一定条件下这些温度是恒定不变的；其二，找出合适的测温物质，从而促进了对物体热膨胀的研究。

华伦海特（1686—1736）发明了第一支实用的温度计——水银温度计。他是一位气象仪器制造者，出生在德国，但一生大部分时间待在荷兰。1714年他知道了阿蒙特（1663—1705）在水银热膨胀方面的研究之后，就开始制造水银温度计，并创造了华氏温标。1742年瑞典天文学家摄尔修斯（1701—1744）

也在水银温度计的基础上提出了摄氏温标，并被科学界沿用至今。

我们在日常生活中关注得比较多的也是气温，因为要根据此来增减衣服，农民可以根据气温来决定自己的农业行为，爷爷奶奶可以根据气温来决定要不要做晨练等等。不过，如今人人都有智能手机，智能手机能随时查到气温。所以，人们日常实际使用最多的就是体温计。

体温计比测量室温的温度计要精确很多，在设计上充分用到了"微小量放大法"。体温计的一头有一个小囊，上方供水银膨胀的管非常细，当囊中水银受热膨胀时推动细管中的水银柱上升，因为管细，所以较小的温度变化就能有十分显著的水银柱上升，从而提高了测量的精确度。在小囊和细管之间的囊颈处特别窄，它可以防止水银柱随着温度下降后又回落，因此可以离开人体之后读数，但如果想要将它恢复原处就要用力地甩。

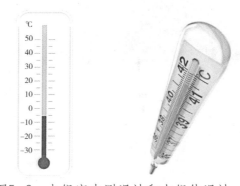

图5-6　水银室内测温计和水银体温计

随着科技的进步，新品种温度计不断涌现。家庭生活中常用的有指针式温度计，耳温枪这种电子体温计也逐渐普及，在工业和国防上，各种先进又精密的温度计就更多了。激光温度计的出现改变了人们的测温方式，我们只需要将光束对准被测物，无论距离远近，都能读出温度。新冠肺炎疫情期间，我们在机场、车站、学校等公共场合随处可见的非接触式红外线测温仪就更加奥妙无穷了，大家若有兴趣的话就去查资料做进一步了解吧！

a.指针式温度计

b.耳温枪

c.激光温度计

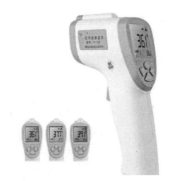

d.红外线测温仪

图5-7　温度计

5.4　温度单位的变迁

　　温度的单位是随着计温学的发展而发展的。为了对温度进行测量，科学家需要选定一些固定的温度标准来作为参照，然后进行单位划分，紧跟着就出现配套的单位。所以，温度单位的确定本质上就是温标的确定。温标是为了保证温度量值的统一和准确而建立的一个用来衡量温度的标准尺度。温标是用数值来表示温度的一套规则，它确定了温度的单位。各种温度计的数值都是由温标决定的，温标是一种人为的规定，或者叫作一种单位制。比如有华氏温标、列氏温标、摄氏温标和绝对温标。

华伦海特发明了水银温度计，为给水银温度计标度数值，他把冰、水、氨水和盐的混合平衡温度定为0 °F，冰的熔点定为32 °F，人体的温度定为96 °F。1724年后，他又把水的沸点定为212 °F，0 °F和212 °F这两个固定点中间等分为212份，每一份为华氏1度，记作1 °F。这种标定温度的方法称为华氏温标。他做过一系列实验，发现每一种液体都跟水一样有固定的沸点。他还发现沸点会随着大气压的变化而变化，这些发现对精密计温学有很大的贡献。华氏温标至今还在美洲被采用，它的优点是日常生活中的温度很少出现负数。

图5-8　华伦海特

法国人列奥默（1683—1757）认为水银膨胀系数小，所以他更致力于制造酒精温度计。1730年，他制作的酒精温度计采用水的冰点为零度（0 °R），水的沸点为80 °R，在二者之间分成80等份。列氏温标曾较多为德国人所采用。

1742年，瑞典天文学家摄尔修斯（1701—1744）又提出一种新的温标，他依然以水银为测温物质，采用了百分刻度法，以水的沸点为0 ℃，冰的熔点定为100 ℃，中间分成100等份，每一份为1 ℃。可是这样规定的话，温度越高对应的标度越低，不符合人们的习惯。8年后，摄尔修斯接受他的同事施特默尔的建议，把两个定点的标值对调过来，最后形成了我们现在使用的摄氏温标。

图5-9　瑞典发行的纪念摄尔修斯的邮票

现在，我们天天都在说摄氏温度，有时候直接省略说成多少度。华氏温度在我国一般不用，但一些西方国家还在使用。在国际航班上，每到一个新的城市或国家，会播报地面温度，都是报两版，一版华氏，一版摄氏。把摄氏温度乘以9除以5再加上32，就等于华氏温度。

以上均为经验温标，其弊端在于过于依赖测温物质的物理性质，有一定的局限性。就像长度单位"米"一样，国际计量局用膨胀系数极小的铂铱合金制作了30个米原器分发给各国，其他米原器据此仿制，随着时间推移，这些米原器由于化学或物理的影响或者仿制工艺不同，都会和最初出现差异，这对"米"的确定性都是一种冲击。所以，"米"的最新定义脱离了依赖实物这一弊端，指的是：光在真空中1/299 792 458秒的时间间隔内所经路程的长度。同样的道理，测温物质无论选取的固定点是什么物质的沸点或凝固点，物质的物理性质都会因为外界环境、所含杂质情况等出现偏差。

威廉·汤姆孙（1824—1907）是英国著名的物理学家，由于成功装设大西洋海底电缆，于1866年被封为爵士，1892年又被封为开尔文勋爵。1848年他在自己的论文《建立在卡诺热机之动力论基础上和由卡诺的观察结果计算出来的绝对温标》中提出：有没有能据此建立的一种绝对温标？他接着说："按照卡诺所确立的动力与热之间的关系，在由热的作用得到的机械功

图5-10　开尔文勋爵

的数量关系中，只包含热量和温度间隔的因素；又因为我们有独立地测量热量的确定的方法，所以就为我们提供了温度间隔的一个量度，根据它可以确定绝对的温度差。这一温标系统中每一度都有相同的数值；也就是说，只要一单位热从温度为T的物体A传至温度为（$T-1$）的物体B，则不论T是什么数值，都将给出同样的机械效应。这样的温标应当称为绝对温标，因为这个温标的特点是它完全不依赖于任何特殊物质的物理性质。"

1852年，汤姆孙与焦耳（1818—1889）合作推算出了绝对温标和摄氏温标之间的关系，其表达式为：$T=272.85+t$。在现代更精密的测量和计算中，绝对温标和摄氏温标之间的关系的实际表达式为：$T=273.15+t$。那么，水的三相点温度0℃对应273.15 K。1954年，国际计量大会正式提议1 K定义为水的三相点热力学温度的1/273.16，开尔文，简称开，符号K，为

温度的国际单位。

在推算热力学温标时涉及一个常数：玻耳兹曼常数k，大家有兴趣可以自己去了解它的意义，这是和分子热运动平均动能相关的一个常数，$\overline{E}_k = 3kT/2$，即分子平均动能和热力学温度成正比，比例系数是玻耳兹曼常数的3/2倍。温度单位重新定义的核心是：依据玻耳兹曼常数和现代物理理论，通过测量系统的平均能量，得到热力学温度。定义基于对系统热力学温度的直接测量，反映了温度的物理本质。新定义完全摆脱了对实物性质的依赖，使得单位定义在全时空恒定一致，人类首先实现温度的定义和测量过程合一。虽然摆脱了对实物的依赖，但1 K的确定要通过固定玻尔兹曼常数的数值来实现，所以目前国际上努力的方向就是尽量减小玻耳兹曼常数的不确定度。

5.5 绝对零度能达到吗?

绝对零度就是指0 K，即零下273.15 ℃。"绝对零度不可达到"被称为热力学第三定律。对于这一观点目前是存在一些争议的。从前面所讲分子平均动能和热力学温标的关系可以知道，绝对零度时分子平均动能为0，即分子静止，这与恩格斯的哲学观点"运动是物质的存在方式。无论何时何地，都没有也不可能有没有运动的物质"（《反杜林论》）结合来看，绝对零度无法测量，而且要使一种测温仪既测到绝对零度又不干扰受测系统也是不现实的。如果受测系统受到干扰，比如因仪器温差引起的热干扰或触动引起的运动干扰，那么待测系统的分子或原子就会运动，这样就不是绝对零度了。

　　既然绝对零度不能测得，那么绝对零度是怎样得出的呢？靠计算。科学家发现，气体的体积与压力及温度都有关系，不论加大压力，还是降低温度，气体的体积都会缩小。1787年，法国物理学家查理（1746—1823）将此写成了一个定律：一定质量的气体，压力不变，温度每降低1℃，气体的体积的缩小量为其在0℃时体积的1/273。将实验得到的点拟合，压强一定时，温度和体积之间呈线性关系，即在平面坐标图上是一条直线。将该直线向温度降低的方向延长，直到体积为零时可以得到一个约为−273.15℃的温度值，这就是所谓的绝对零度。

温度体积比

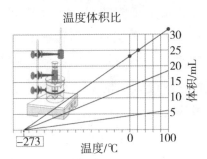

图5-11　查理定律外推可得绝对零度

　　从量子力学上来说，如果绝对零度可以达到的话，就和不确定性原理相冲突，所以绝对零度确实是不可能达到的，只能无限接近。历史上，科学家曾不断尝试无限趋近于0 K。1908年，莱顿实验室实现了氦的液化，使低温物理学得到了迅速发展。1926年，荷兰物理学家开索姆通过对液氦加压，实现了氦的固化，并得到了0.71 K的低温。1926年，加拿大物理学家盖澳克和德国物理学家德拜提出顺磁盐绝热去磁冷却法，1933年科学家通过这种方法得到0.13 K的低温。1956年，英国人西蒙和克尔梯用核去磁冷却法获得10^{-5} K。1979年，芬兰人恩荷姆等用级联核冷却法得到5×10^{-8} K。目前，人们已经能得到1.7×10^{-9} K的低温。人们正在做着无限接近的工作，要达到甚至低于0 K却是质的问题。以上的事实并不表示突破0 K指日可待，反而不断在说明：绝对零度不可达到。

5.6　和热力学温标密切相关的几位物理学家

在确定热力学温标上做出过贡献的物理学家有许多，其中特别杰出的是焦耳、萨迪·卡诺和汤姆孙。

焦耳实现了对热功当量的测量，为能量守恒原理的确立奠定了坚实的实验基础。焦耳是曼彻斯特一个富有的酿酒商的儿子，他对物理兴趣浓厚。当时正值电磁感应现象发现不久，电力代替蒸汽机为大势所趋。1837年，他在父亲的工厂装配了用电池驱动的磁电机，开始对电流的热效应进行研究。1840年，他写出了论文《论伏打电所产生的热》，提出了"焦耳定律"，即"一定时间内伏打电流通过金属导体产生的热与电流强度的平方和导体电阻的乘积成正比"。

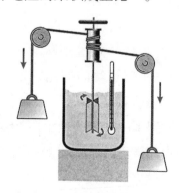

图5-12　焦耳"热功当量"中的一种实验装置

从1840年起，焦耳开始设计实验测定热和机械功之间的当量关系，到1879年共花费了40年的时间。他先后采取不同的方法做了400多次实验，以精确的数据为能量守恒原理提供了无可置疑的实验证明。焦耳精益求精的科学态度和锲而不舍的科学精神令人赞叹。在焦耳从事这些科学研究的时候他是没有任何职务和酬劳的。当初步结果发表之后，进行相同研究的其他科学家试图跟他在"热功当量"这一发现成果上平分秋色，焦耳没有理会，继续全情投入研究，将实验结果处理得越来越精确，用实际行动和数据驳斥了外界争议。焦耳淡泊名利的品格也由此被外人称道。所以，焦耳的名字能成为能量的单位也是理所应当的。

卡诺是法国青年工程师、热力学的创始人之一，他首先以普遍理论的形式研究了"由热得到运动的原理"。1824年，卡诺出版了《关于火的动力的思考》，总结了他早期的研究成果。他给自己提出的实际任务是阐明热机的工作原理，找出热机不完善性的原因，以提高热机的效率。他出色地运用类比和建立理想化模型的方法，撇开热机工作过程中那些次要因素，通过同水车的类比，构思了一部理想热机。他的构思为提高热机效率指明了方向，并且包含着热力学第二定律的萌芽。卡诺生前不隶属于任何机构或组织，因此他的理论也被冷落了许多年，直到他去世10年后才引起科学家们的重视。卡诺因为受到其父亲被流放的影响，壮志未酬，1832年因霍乱病逝，享年36岁，令人惋惜。

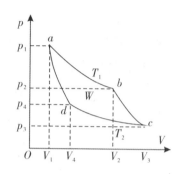

图5-13 卡诺和卡诺循环示意图

汤姆孙和卡诺的命运不一样，他天赋很好，机遇也好，人生一路坦途。他10岁时进入格拉斯哥大学学习，17岁进入剑桥大学，1845年毕业后到法国留学，1846年回国后被选为格拉斯哥大学自然哲学教授，1977年被选为法国科学院院士，1890年至1895年间担任伦敦皇家学会会长，1904年出任格拉斯哥大学校长。他利用实验室的精密测量结果来协助拟定大西洋海底电缆的铺设工程，使英国与美洲之间的通信得到突破性的发展。他可说是第一代的电信工程师呢！由于装设大西洋海底电缆成功，汤姆孙1866年被封为爵士，1892年又被英国女王封为开尔文勋爵，所以后世都称他为开尔文，而忘了他的原名——威廉·汤姆孙，他对电磁学和热学的发展都做出了贡献。

6

发光强度

6.1 为什么选择发光强度作为基本物理量之一?

发光强度是一个跟人的视觉相关的物理量。在我们的概念中,广义上的"光"是从微波、红外线、可见光、紫外线直到X射线和γ射线的宽广波段范围内的电磁辐射。人类在光学上的研究历史悠久,经历了几何光学、波动光学和量子光学的时代。而发光强度对应的研究范畴在可见光区域(图6-1),也就是电磁波谱中能引起人类视觉的那部分波段,而非广泛意义上的光。

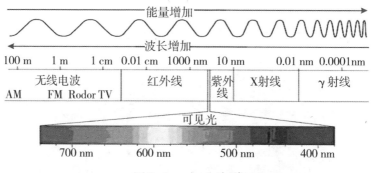

图6-1 电磁波谱

在18世纪以前,有关光的研究几乎完全局限在几何光学方面,即对光在不同介质中的传播规律进行研究,极少对光的强弱做测定。最初,天文学家们为了比较太阳、星星、月亮等不同天体的明亮程度,发明了一些原始的光度计,并没有建立起关于光度系统的概念和定义,也没有对相关问题做数学处理,因此,对光的测量都是一些零散的知识。1760年,德国数学家约翰·海因里希·朗伯(1728—1777)发表了一部专著*Photometria sive demensura et gradibus luminus, Colorum et umbrace*,开创了有关光的测量的一门学科——光度学。他建立了光度学中的许多概念,其中就包括发光强度。

　　发光强度是光度学中的一个重要概念。发光强度的单位坎德拉（符号cd）是国际单位制的基本单位之一，坎德拉是唯一将物理刺激作用下产生的生理效应——人眼视觉量化的国际单位制（SI）单位，它不同于其他SI单位，它是一个生理、心理、物理量。

　　既然发光强度是和人的视觉息息相关的物理量，那它自然是无比必要又无比重要了，众所周知，光是地球上的生命赖以生存的重要物质。科学研究发现，人的眼睛等感觉器官从外界接收的全部信息中，有70%以上来自光。我们要通过"看"来辨别方位、来学习知识、来感受世界的绚烂多姿，这实在太要紧了。

图6-2　光的世界：霓虹闪烁

　　人的眼睛能感受到光并通过大脑转化为信息，前提是被观察的物体自己能发光或者反射了其他光源的光。光的强弱不同引起的视觉感受也会有所区别，就像光的不同频率能表达不同的颜色一样。科学研究的目的在于能解释一些现象，最终目的是能解决一些问题，更好地服务于我们的生活，对光进行测量并给予严密的数学解释，也是直接指向这一终极目的的。在光度学中，发光强度是一个极具代表性的物理量，虽然其测量常常受到空间量的测量精度的影响，以至于有一些学者建议用另一个量光通量取而代之，但国际计量委员会为了保持国际单位制的稳定而未采纳。

6.2　发光强度的物理意义和定义

要了解发光强度的定义首先要从另一个量光通量说起。光通量类似电磁学、力学中的功率，指的是单位时间通过一个面积的光能的流量。光通量不直接叫作"功率"源于两方面：一方面出于光度学和辐射度学发展的历史原因，即出于继承的需要；另一方面，这里并非对应全部的光能，而是指其中能被人眼感知的那部分光能。

所以，光通量的具体定义是：能够被人的视觉系统所感受到的那部分光通过某个面积时辐射功率大小的量度。光通量通常用Φ表示，国际单位是流明，符号lm。流明是一个较小的单位，10

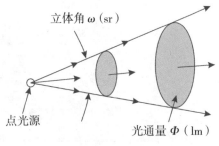

图6-3　发光强度定义示意图

流明=1毫朗伯，"朗伯"是用光度学创始人的名字，作为光通量的常用单位。

对于一个光源，我们可以说这个光源的光通量是多少；对于一个接收面来说，我们可以说它接收的光通量是多少；对于一束光来说，我们可以说这束光传播的光通量是多少。所以，光通量是一个很常用的基本量。

假设有一个光源，它向四面八方发光，它所发出的光未必就是各向同性的，不同方向上的强度可能存在差异。为了精确地描述光在某一方向上发光的具体强弱，于是定义了发光强度。所以，发光强度的物理意义是：描述光源在某一指定方向上发出光通量能力的大小。采用了比值定义法，用研究方向上一个很小的立体角元内所包含的光通量除以这个立体角元，所得即为光源在此方向上的发光强度I。定义式为：$I=\dfrac{d\Phi}{d\Omega}$（其中，Ω为立体角元，Φ为该立体角元包含的光通量），国际单位坎德拉，符号cd。

综上，若有一个各向同性的点光源，向各个方向发出的光的强弱相同，且等于1 cd，因整个空间立体角等于4π，那么，这个点光源向周围空间发出的总光通量为4π流明。许多时候，我们可以据此估算一个光源的照明效果。

和发光强度密切相关的有三个物理量：照度E，单位勒克斯Lux（lx）；亮度L，单位尼特Nit；光通量Φ，单位流明Lumen（lm）。它们之间的关系如图6-4所示，关系如下：

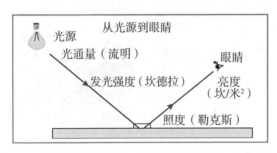

图6-4　光度学中的几个重要物理量之间的关系

（1）光通量，由光源向各个方向射出的光功率，也即每一单位时间射出的光能量。

（2）发光强度，光源在单位立体角内辐射的光通量。

（3）照度，是从光源照射到单位面积上的光通量。

（4）亮度又称发光率，是指一个表面的明亮程度，即光源在垂直其光传输方向的平面上的正投影单位表面积单位立体角内发出的光通量。

6.3　发光强度的单位和测量的演变历程

发光强度单位最早叫"烛光（candle）"，今天其国际单位是坎德拉（Candela），从烛光到坎德拉，无论是单位的规定，还是复现技术，都经历了漫长的过程。发光强度单位演变的过程是由于科学和技术进步的推动，同时也是计量学对工业、科学和社会高精度测量的实际需要做出的反应，以建立一个高度稳定和统一实现的测量系统。

图6-5　"烛光"最初是发光强度的单位

人类很早就开始对光学现象进行观测和研究，比如在天文观测中将肉眼可见的星星进行分级。17世纪时气压计、温度计、湿度计已经被发明并广泛应用于人类生活，由于光度量跟人的视觉相关，不易被量化，所以没有直接测量光的强弱的仪器。许多科学家对此较为懊恼，"光"是大自然给人类的馈赠，可是对它的测量人类却无能为力。

惠更斯（1629—1695）最早尝试比较两个光源的发光强度。1725年11月23日，布格尔（1698—1758）发明了比日计，这是最早的光度测量计。他将月光和四根蜡烛同时照射在一张白纸的不同部分，移动蜡烛改变其与白纸之间的距离，直到用眼睛感觉到两部分被同样照明，用眼睛作为探测器成功比较了两个光源的强度，后来这一天被认定是"光度学诞生日"。后来，牛顿和朗伯的工作奠定了光的理论和测量的原理，但测量手段的发展还是基于社会生产力发展的需要。18世纪后半叶，西方国家较多进入工业革命时代，延长工作时间就需要实现夜间照明技术的更新，那时白炽灯已经能满足照明需要，白炽灯的工业化生产有质量要求，这成为光测量技术发展的催化剂。

1881年，国际电工技术委员会根据科技发展的迫切需要，对发光强度进行了定义，把"烛光"定为国际性单位，并定义如下：将一磅鲸鱼油脂制成六支蜡烛，以每小时120格令（1格令=0.06 479 891克）的速度燃烧，在水平方向的发光强度为1烛光。

现在看来，上述定义显得比较粗糙，因为发光强度不仅和燃料有关，还跟灯芯、火焰高度、燃烧环境等因素有关，它的复现性（单位流通时各国各地要复制出同样的标准）和稳定性都值得商榷。

1879年，爱迪生发明了白炽灯。1909年，英国、美国和法国的有关机构为了统一和规范发光强度的国际标准，协议采用碳丝白炽灯定义发光强度：由戊烷灯导出并用一组45个碳丝白炽灯所组成的平均发光强度，称为"国际烛光"。这种白炽灯稳定性虽好，但复现性较差，因为几乎无法制造出两个发光强度一模一样的白炽灯。

1900年，普朗克解决了黑体辐射的光谱功率分布的数学表达式问题，为即将诞生的新光度基准提供了理论基础。1908年，韦得勒和布吉斯提出用处于铂凝固点的黑体作为光度原级标准。1937年，国际照明委员会（CIE）和国际计量委员会决定从1940年起使用"新烛光"为发光强度单位：全辐射体在铂凝固温度下的亮度为60新烛光每平方厘米。也就是说在铂凝固点（1 042.15 K）上，绝对黑体的1 cm^{2}的面积的1/60部分的发光强度为1烛光。这一定义因为二战而被搁置到1946年才被颁布：1旧烛光等于1.005新烛光。

1948年，第9届国际计量大会决定用拉丁文——candela（坎德拉）取代新烛光，坎德拉意为"用兽油制作的蜡烛"。1967年和1971年国际计量大会对上述定义又做了两次修订。

20世纪70年代，随着技术手段的进步，各国在复现坎德拉时发现在结果上依然存在差异。1975年，科学家们提出重新定义坎德拉，得到国际计量委员会和辐射咨询委员会（CCPR）的支持，并鼓励有条件的国家用实验方法测量Km值（明视觉最大光谱光视效能，其值为6 831 m/W）。到1977年止，已经有包括中国在内的十几个国家的计量研究部门测得值接近6 831 m/W，与理论计算吻合。1979年第16届国际计量大会提出了一项关于重新定义坎德拉的重要决定。新定义为：坎德拉是发出频率为

540×10^{12} Hz辐射的光源在给定方向的发光强度，该光源在此方向的辐射强度为1/683瓦特每球面度。

图6-6　复现坎德拉：光度基准装置

定义中的540×10^{12} Hz辐射波长约为555 nm，这是人眼感觉最灵敏的波长。这是一个开放的定义，没有对复现坎德拉的方式和方法做任何限制，所以极易复现，顺应了计量基准的发展趋势。

1坎德拉的发光强度是怎样一种感觉呢？

1882年12月25日，吉尔伯特和沙利文的歌剧在剧院上演。这次演出在不经意间开启了圣诞节的一项传统——在圣诞树上悬挂小彩灯，并延续至今。起初是在剧院里，电灯公司被要求

图6-7　一个"仙女灯"发光强度大概为1坎德拉

设计一些迷你灯，以藏在小仙女所戴的花环中。当时电力照明技术还不发达，这些发光的小彩灯瞬间吸引了现场观众。"仙女灯"（圣诞小彩灯）一词由此而来。一年后，爱迪生的同事第一次将"仙女灯"装饰在了圣诞树上。一个干净的室内小彩灯所发出的光大概就是1坎德拉。

发光强度的测量是一项复杂的工作，常常需要几个熟练的人采用多种手段才能实现测量，且精度有限。常用到的仪器有两种，一种是目视光度计，其精度达到0.2%算是极限，且都只能通过比较两边的照度是否相等，一般都要配合光轨使用，利用距离平方反比定律进行光度测量。另一种是光电光度计，一般都有比较高的灵敏度和分辨微小亮度差的能力，如果其响应的线性度不够好，则可以把它当作一个光电光度头使用来比较照度是否相等。这时，可将光电光度头固定在光轨的一端，在可移动的滑车上先后装上待测光源和标准光源，令两种光源在光电光度头上产生相等的输出，分别记下这两种光源到光电光度头接受面的距离，利用距离平方反比定律就能计算出待测光源的光强值。

在现实生活中常用的测光强弱的仪器叫作"照度计"，是用来测量光照度的，我们可以依据照度和发光强度的关系，再结合具体参数对光在某一方向上具体点处的发光强度进行计算。由距离平方反比定律就可以通过坎德拉导出照度的单位勒克斯。在实际工作中，人们往往对光源发出来的总光通量更为关注。

6.4 光强能作为发光强度的简称吗?

光强能作为发光强度的简称吗? 答案是否定的。中学物理课本并没有对发光强度进行介绍, 只是在交代七个基本物理量时出现了一下, 而且出现在最后一个。在光电效应一节中出现过光强的概念, 但是并没有指明其定义和单位, 只是在遇到练习时教师会进行补充: $I=Nh\nu$, 其中, N表示平均光子流密度, 即平均单位时间内通过或达到垂直传播方向的单位面积的光子数目, $h\nu$表示每一份光子的能量。

发光强度是指光源在某一给定方向上的单位立体角内发射的光通量。从前面我们知道: 光通量, 由光源向各个方向射出的光功率, 即每一单位时间射出的光能量; 照度, 是从光源照射到单位面积上的光通量。比对之后可知光电效应中的光强和光度学中的"照度"更接近。只是, 光度学中的这些物理量都是特指可见光, 与视见函数$\nu(\lambda)$有关, 即需要考虑可见光在实际光中的比例。

近年来, 有些科学家试图重新建立一个适合于所有波段的光辐射的测量体系, 但没有很理想的进展。一方面是因为朗伯体系已十分完整, 更重要的是可见光对人类生存和发展的作用举足轻重, 在人类生活中遇到的有关光强度的测量基本都只和可见光有关。不过, 量子化是光学计量未来发展的重要方向, 随着单光子技术的提高, 将坎德拉的定义从光功率改为依据光子数并与普朗克常数相联系的"量子坎德拉", 使坎德拉与其他SI单位的定义达成更好的一致性, 服务于量子计量等新的计量领域并减小现有光辐射测量的不确定度, 是其重要的发展方向。

6.5 朗伯生平、我国光度学的源起和相关的古代科学家

光度学创始人朗伯是德国数学家、天文学家和物理学家，出生于德国米尔古赞市的一个裁缝之家，未受过良好的学校教育。他家境贫苦，12岁就辍学跟随父亲学艺，做过书记员、铁厂学徒，经过刻苦自学而成才。

17岁前，朗伯自学了一些数学、物理和天文学知识，还自学掌握了法语、意大利语、拉丁语和希腊语四种语言。1745年，朗伯来到瑞士，在一名友善的律师那里工作并自学哲学和法学方面的知识，1748年起他开始在一位公爵家任家庭教师达8年之久，期间朗伯借助东家显赫的地位和丰富的藏书，继续完成了他的自学计划，并且结识了许多学者。1759年，朗伯来到慕尼黑教书，当选为慕尼黑科学院院士。1764年，朗伯到柏林科学院工作，成为著名数学家、物理学家欧拉和拉格朗日等人的同事。1765年，朗伯被任命为柏林科学院院士。

朗伯的研究范围广泛，他的学识和人品也深受周围人推崇。朗伯的科研工作涉猎广泛、系统、深刻，他一生在科研上非常勤勉又坚持，他是科学家中自学成才的典范。

中国光度学或许发源于约14世纪初，西欧光度学开创于17世纪，国际计量委员会下属光度咨询委员会（CCP）成立于1933年。人为什么可以看到东西？今天我们很清楚是因为物体发出或反射了其他光源的光，光被人眼接收引起视觉。可是古代对此经过了一个漫长的认识过程。公元前4世纪的欧几里得和400多年后的托勒密两个人都相信，人眼发出了什么东西作用于物体才引起了视觉。不过中国的墨家主张"目以火见"，即人眼能看到东西是光在起作用。自从人类能娴熟地使用火之后就诞生了各种照明工具。如西周以后称为烛或庭燎的"炬"，是由纤维缠裹松、竹、苇、麻浸灌动植物油后制成的；秦汉出现膏烛；汉代出现的蜡烛多为蜜蜡；唐代用了虫胶蜡；宋代出现的蜡烛多以木条为支撑，外层卷以棉线或草作灯芯，浸灌油脂而成。宋代起，蜡烛制造技术传入西方。我国从唐代开始制烛技术已十分高超。

除了蜡烛，还有以动植物脂肪为燃料的火焰灯。汉代是火焰灯发展的高峰期。

如西汉长信宫灯，是铜制灯具，通体鎏金，看上去金光灿灿。灯具的形状为一宫女，左手执灯，右手及衣袖笼在灯上，很自然地形成灯罩。它的灯盘可以转动，灯罩可以开合，点上灯后，还可以随意调节灯的亮度和照射角度，有些类似于今日的调光灯。宫女的体内是空的，右臂与烟道相通，蜡烛燃烧的烟尘可以通过右臂进入宫女体内，不使烟尘污染空气。宫女的头部和右臂可以拆卸，便于清洁灯具。因其亮度和照射方向可调，环保易于打理，设计巧妙，工艺精美，而被誉为"中华第一灯"。

图6-8 西汉长信宫灯

图6-9 古代铜镜

在发明人工光源的同时，人类开始尝试改变光的传播路径，对光进行调控和测量。"面水寻影"的自然现象促使人们制作了铜镜，用来进行平面镜成像。还有凹面镜和凸面镜，西周的司烜氏"掌以夫燧（凹面镜）取明火于日"，他可能是我国首位用凹面镜对着太阳聚焦取火的工程师。

古代中国的光学被公认为是古代物理学发展较好的学科之一。先秦时期的墨子，即墨翟（约公元前468—公元前376），出身庶民，很会造车，还造过类似滑翔机的"木鸢"。《墨经》是先秦墨家的学术著作，其中论述了几何光学的知识，涉及小孔成像、平面镜成像、凸面镜成像、凹面镜成像、本影和半影、光的反射、圭表与测量、运动物体的投影。汉代以刘安（公元前179—公元前122）为代表的淮南学派，还有王充和张衡均在光学上有所建树。刘安，汉高祖之孙，袭父爵位为淮南王，他组织宾客编写《淮南万毕术》，其中有云"高悬大镜，坐见四邻居"，后来的"明镜高悬"便源于此。

宋代科学家沈括（1031—1095）著有一书《梦溪笔谈》。沈括在诸多学科领域都颇有建树，被誉为"中国整部科学史中最卓越的人物"。沈括通过观察实验研究了小孔成像、凹面镜成像，并得出了光的直线传播规律，他对透光镜成像规律做了解释，沈括还第一次记录了"红光验尸"的内容，这是我国关于滤光应用的最早记载，至今还有现实意义。

图6-10　宋代科学家沈括

　　元代科学家赵友钦（1279—1368）是宋朝宗室后裔，他被称为"13世纪末的光学实验物理学家"当之无愧。因为他设计了非常完备又十分复杂的大型光学实验，得出了小孔成像和光源形状相同、大孔的像和孔的形状相同的结论，这些结论被记录在《革象新书》一书中。元代还有郭守敬巧妙地利用针孔取像器解决了大型圭表读数不准的问题。明清时期，方以智、郑复光和邹伯奇对发展传统光学和吸收西方光学知识都有一定的贡献。

　　赵友钦早在14世纪就定性地观测到了一系列光度学规律，为什么光度学还是在欧洲国家诞生呢？因为当我国还处于农业社会，生产力低下的"蜡烛油灯"时代时，欧洲国家已经在蒸汽机车的轰鸣中打开了工业革命的大门。社会生产的需要对照明技术提出了更多要求，无论是灯泡的生产控制，还是照明设计和灯泡贸易，都迫切需要对光进行测量。所以，我们火焰光源时期的光度学实验，犹如胎儿一般，缺乏现代科学的滋养而无法成熟，缺乏市场的竞争而无法出生，最终只能胎死腹中。

6.6　光度学的未来

　　前面提到光和人类生活息息相关，对光进行精确的测量，是顺应科技发展和提高人类生活质量和生命体验的一项重要工作。光度学与此相关，它是研究可见光对人眼刺激引起光感强弱的度量的学科。除照明之外，随着光电信息技术、图像技术和夜视技术的发展，光度学作为光学计量的重要部分显得越来越重要，同时也在具体应用中不断遇到新问题，需要寻找新突破。

光度学除了要定义一些物理量并确定相应的测量单位之外，还必须研究测量仪器的设计、制造和测量方法的选择。对各种光源的光度测量广泛应用于光学仪器、照明工程、光电子学、电影电视、生理光学、遥感遥测、色度学和大气光学等领域。对各种微光像增强器、夜视仪器、光敏和热敏探测器也需要用到光度的测量技术来确定其灵敏度和响应特性。

　　通过上面的陈述，读者可以发挥自己的想象去感受光度学渗透的领域。比如各种场合的照明设备、彩色电视机、视力矫正、美颜相机、天文观测等等，都与此有关。

7

物质的量

7.1 物质的量，质量，傻傻分不清?

物质的量，质量，你分得清吗？还记得刚开始学化学的时候，我看到课本上出现的"物质的量"的概念，瞬间就傻了，因为隐约记得，以前的物理课上，老师说质量就是物体中所含物质的多少，怎么这里又出现了"物质的量"呢？"物质的量"顾名思义不就是物质有多少吗？它与"质量"有什么差别呢？

经过化学课上的深入学习，我开始明确"物质的量"表示一定数目粒子的集体，单位是"摩尔"。如这里有1摩尔水分子，就是说这里有阿伏加德罗常数个水分子，而阿伏加德罗常数，大约等于6.02×10^{23}。在最初的学习中，我们就是这样开始了与"物质的量"这个物理量的接触。

但是对于物质的量与质量的区别还是朦朦胧胧。比如看到牛顿说的"物质的量是质的量度，可由其密度与体积求出"时仍会傻傻分不清，这里牛顿显然是想说"质量"的，但他所处的那个时代还没有质量和物质的量两个概念，所以牛顿在定义"质量"概念时这么说也是出于方便大众理解的考虑，在牛顿的《自然哲学的数学原理》中的"物质的量"即今天所说的"质量"。随着时代的发展，"质量"的概念又进一步发展出"惯性质量"与"引力质量"，其概念描述和物理意义也与最初粗浅的"物质的多少"的理解发生了很大的变化。（关于质量，可以详见本书的"质量"部分）

物质的量（amount of substance），是国际单位制中七个基本物理量之一，符号为n，其国际单位名称为摩尔，符号为mol，并做了文字定义，1摩尔为精确包含阿伏加德罗常数个原子或分子等基本单元，使用"物质的量"时，必须明确说明基本单元是何种原子、分子、离子或者其他种类的粒子。

我们看到国际单位制中的七个基本物理量已经包含"质量"，为什么还会包含"物质的量"呢？

7.2　你会如何数出一大堆相同硬币的个数？——"物质的量"的主要功能

为了说明"物质的量"的应用，举一个常用的例子，一个人积攒了很多袋相同的一元硬币，他想知道攒了多少枚，如果一枚枚地去数就很慢，但如果能确定某个数目（比如1 000枚）的质量，那么只要称量出全部硬币的质量，就可以快速知道一共有多少枚硬币。我们可以将1 000枚这样的一元硬币打包，物质的量就相当于把阿伏加德罗常数个相同的物质粒子基本单元打包，一包叫1摩尔，如果知道一包的质量或者体积，就能知道这种基本单元有多少包，也就是多少摩尔，当然也就能知道在这次称量中该种物质粒子基本单元的具体的数量。

"物质的量"的主要功能就是能够在宏观水平上，通过利用物质的质量或者体积间接地计量物质的微观粒子数目。这种称量中，虽然由于微观粒子的测量数据有误差，阿伏加德罗常数也不是绝对精确的数字，导致这个总数也存在一定的误差，但是这种称量的方式，在宏观物质与微观粒子之间架起了一道桥梁。微观水平上我们要得到化学反应中微粒数目之间的关系，宏观水平上我们要得到化学反应中物质质量或体积之间的关系。很明显，引入"物质的量"将会较容易得到微粒的数目，因为我们不可能非常方便直接地数出微粒的数目，因此常常是以间接的方式（即通过与质量或体积建立关系的方式）得到微粒的数目。现在，分析物质的量已经是掌握物质的质量、体积（标准状况下）、物质的量浓度、反应热、化学方程式计算等方方面面的前提，物质的量不仅成为宏观与微观世界之间的桥梁，也是各化学量相互转化的中介，很多化学换算中，都是以物质的量为中心进行的，因此，物质的量已经成为化学计量中处于核心地位的重要概念。

要知道在很长的时间里，物理学家和化学家都在考虑是否需要引入一个跨接宏观与微观的新的物理量。1961年，英国物理化学家根海姆给出概念"物质的量"的定义，但当时已经有"摩尔"这个词了，于是根海姆将"摩尔"称为"化学家的物质的量"，这引起相关人士的热烈讨论，到了1971年，由41个国家参加的第14届国际计量大会才正式宣布了国际纯粹和应用化学联合会、国际纯粹和应用物理联合会、国际标准化组织的关于"物质的量"及其基本单位的提议，最终作出决议："物质的量"成为国际单位制中的一个基本物理量，"摩尔"作为它的基本单位。

这里应当注意，"物质的量"这个物理量的中文名称是一个完整的词，不能拆开理解，或者说，"说与写都一个字也不能少"，它表示为物质所含微粒数目（针对某种粒子的基本单元）与阿伏加德罗常数之比，是将微观粒子与宏观物质联系起来的一个物理量。那么，人们是怎样想到引入这样一个物理量的呢？要了解这一点，我们就需要从化学的早期发展说起，"物质的量"及其单位"摩尔"在其确立的过程中经历了许多曲折，就好像科学研究也是在曲折中前进一样。下面就让我们翻开那段尘封的科学史。

7.3　"摩尔"比"物质的量"先出现吗？

是的，"物质的量"与其单位"摩尔"的发展确实存在着这种异常情况。

"摩尔"早先是作为一个概念，在1900年由物理化学创始人之一的德国物理化学家奥斯特瓦尔德给出定义，比1961年才出现的"物质的量"的概念早了半个多世纪，以至于直到现在仍然有部分人习惯把"物质的量"称为"摩尔量"或者"摩尔数"。那么，为什么会出现这样的异常情况呢？

早在17世纪，英国化学家波意耳第一次提出元素的概念，并逐渐建立起以实验方法和对自然界的观察为基础的化学发展途径。顺便提一下，这个波意耳就是那个研究空气，提出"空气的压强和它的体积成反比"的波意耳，因为法国物理学家马略特在此后15年也独立提出这一发现，所以后人把关于气体体积随压强而改变的这一规律称作波意耳—马略特定律。在之后的100多年中，大量的实验让化学家们发现了多种气体的存在，因此积累了更多关于物质转化的新知识。于是，化学开始由定性的经验积累发展为定量的理论研究。科学家们对化学研究提出新的要求，他们想清楚地知道化学反应中的各种物质的组成，理解化学反应的机制，制定合理的化学符号规则。也正是这些方面的研究为化学成为现代科学奠定了基础。

随着质量守恒定律的提出，人们发现参与化学反应的物质并不是占有相等的质量份额，那么它们的反应物和生成物在化学反应中的份额有什么样的规律呢？科学家们寻找其中的规律促使了"化学计量学"的提出。"化学计量学"最早是在德国化学家里希特（1762—1807）的建议下提出的，其英文"Stoichiometry"就源自希腊语"元素"（stoicheion）和"测量"（metron），从侧面也能反映出发展"化学计量学"的最初目的，就是要得到某些化合物中各元素之间的质量比。

"摩尔"可以看成是化学计量溯源体系的源头。现在我们定义"摩尔"的方式实质上就是将阿伏加德罗常数个某种粒子的基本单元打包来参照做对比，这种思维方式最早也是里希特提出"当量"概念时使用的。里希特通过实验与计算发现"反应试剂之间的质量比例是常数"，于是他于1792年提出了当量定律："当两种中性溶液混合时，就会发生复分解反应，新的生成物几乎无一例外也是中性的，因此，各种元素质量之间一定存在一个固定的比值。"这个定律又可以简单地表述如下：所有的化学反应都是按一定重量比进行的，用当量重量来表示，这里的"当量重量"是某一个特定数值的一系列因数。1803年，里希特结合当时化学家们的实验数据，整理出一个表格，表格中包括18种酸和30种碱的当量重量，并且指明自己不是一个很好的分析家，这些数据不是十分精确。

表7-1　一些酸和碱的当量重量（以1 000份硫酸作为参照标准）

碱		酸	
Alumina	525	Carbonic	577
Potash	1605	Phosphoric	979
Soda	859	Sulphuric	1000
Lime	793	Muriatic acid	712

备注：表中的物质名字为原来的名字，分别代表的为Alumina—Al_2O_3，Potash—K_2O，Soda—Na_2CO_3，Lime—CaO，Carbonic—CO_2，Phosphoric—P_2O_5，Sulphuric—SO_3，Muriatic acid—HCl。

里希特在确定磷酸的"当量重量"时，是以中和相同量的苏打所需硫酸的量为参照做对比得出的，这就是"当量"这个词的来源。在这种情况下，磷酸的当量值为979。很显然，磷酸的当量值为979，不是现在所说的磷酸的分子量98。不过当我们比较这两个数时会发现，虽然它们的值相差约10倍，但它们的定义是很类似的，现在所说的分子量与里希特所提出的当量重量都是相对数值。分子量即相对分子质量，是指化学式中各个原子的相对原子质量的总和；而相对原子量是一种计算原子质量的方式，科学家规定任何一个原子的真实质量跟一个碳12原子质量的1/12的比值，称为该原子的相对原子质量。为什么不直接使用多少克来计算原子质量呢？那是由于原子的实际质量很小，如果人们用它们的实际质量来计算的话，做化学分析时都是非常微小的数据，使用时会非常麻烦，也容易出错，因此这些定义都用研究对象的质量去与一个参照标准做对比来写出比值，所以说"当量重量""分子量""原子量"三者的定义方式类似。事实上，科学家们在提出相对原子量、相对分子量时也是受了"当量重量"概念的影响，思维方式上一脉相承。不过，在里希特提出"当量重量"的时候，关于化学物质之间的结合的研究都是在宏观水平（单质和化合物）上进行的，还从未从微观水平（原子和分子）考虑。在当时不要说从宏观到微观，就连"化合物"范畴的确定，也是化学家们面临的难题。

7.4 "物质的量"的发展史之关键一——溶液是化合物吗？

化学家们对于这个问题的研究对"当量理论"思维方式的推广起了积极的促进作用。

当时，科学界尚未正确理解化合物这个宏观概念。

1718年，法国化学家杰奥佛罗瓦在亲合力表中已经对什么是化合物做了介绍，他认为化合物应该相对稳定，且由特定物质形成，他还将化合物与混合物做了区分，认为物质之间的化合关系是化合物自身的特征。

1802年，法国分析化学家普鲁斯特（1754—1826）通过一些关于铜、锌、铂、铁、锡和其他金属的硫化物的实验（天然存在的和人工合成的都做了实验），发现不管用什么样的制造方法，每种化合物都具有固定的重要组成。于是他得出如下结论：不管是天然的物质还是人工得到的物质，也不管在实验中是如何得到这种物质的，只要是同种物质，它们之间就没有区别。如果一种化合物是纯净物，那么它就应该有一定的特征，其中之一就是其组成是不变的。这个假说就是定比定律。普鲁斯特认为，所有物质之间的结合都遵循这个定律，不受化学家也不受自己选择的控制。但是，同时期的法国化学家贝托雷则提出，因为化学反应通常是进行不完全的，一种物质可能会分成两种比例和质量可变的不同物质，所以不同地方不同途径得到的化合物组成可以不一样，即世界上一切化合物的组成是不固定的。

普鲁斯特和贝托雷之间关于"化合物"的论战在当时非常著名。两者的矛盾关键在于，前者认为组成化合物的元素之间的重量比值固定，而后者则认为化合物的组成可变。本质起因是贝托雷认为溶液是化合物，而普鲁斯特则认为溶液是混合物，化合物应该是纯净物。这场论战后来引发了一场科学家们关于溶解现象的化学本质的大讨论。贝托雷要求普鲁斯特对什么是化合物和什么是溶液给出合适的定义。普鲁斯特给出化合物的定义，认为化合物的基本性质是形成化合物的元素之间的重量比值是一定的。贝托雷则认为溶解与化合之间没有不同，玻璃、合金和溶液，可以组成可变的化合物。换句话说，真正的问题是"什么是纯净物"。现代科学中我们已经明确，化合物与单质是一组对照概念，纯净物与混合物是另一组对照概念，溶液是混合物。但是在整个19世纪，当时的科学界对这个问题都未能达成一致。不过最终，因为一系列的精确分析令人信服地证实，存在着各种固定组成的化合物，因此论战的结果是普鲁斯特胜利。很多化学家普遍接受了普鲁斯特的定比定律，并且利用定比定律来做化学分析，他们将"当量"概念的应用范围扩大了，不仅把"当量"概念用于酸和碱的中和反应中，而且在分析任何物质的相互结合的计算关系时也会应用。这场论证不仅使"当量"这个概念被接受，更重要的是这种与参照标准做对比的思维方式被进一步推广开来。

7.5 "物质的量"的发展史之关键二——从宏观到微观

有"当量重量"，为什么还需要"原子量"？因为从"当量重量"到"原子量"，这是让化学研究从宏观到微观的一次思想上的跨越。

1808年，英国化学家道尔顿（1766—1844）首先把里希特和普鲁斯特总结出的当量定律及定比定律，与物质由原子构成的观念相联系，将相对原子量概念引入化学。

最早的原子说是留基伯及其学生德谟克利特等古希腊哲学家提出的。他们认为物质是由许多微小的不可分割的单个颗粒所组成，这种颗粒被称为原子。但是当时原子说受到宗教和神学的压制，并没有得到更多的发展。直到1808年，道尔顿在他的著作《化学哲学新系统》中再次提出原子说，原子说才在物理学和化学的研究中得以更新和完善，并进一步发展成为现代的物质结构理论。

道尔顿通过研究二氧化氮的实验发现，存在三种氮的氧化物，并且氮和氧之间存在简单的比例关系。于是他认为：在氧化亚氮N_2O中，两个氮原子与一个氧原子相化合；在氧化氮NO中，一个氮原子与一个氧原子相化合；而在二氧化氮NO_2中，则是一个氮原子与两个氧原子相化合。（这里的化学式纯粹是为了方便读者阅读时能更好地理解，当时还没有今天用的化学符号系统。）于是道尔顿得出结论：当两种元素组成两种以上的化合物时，在这些化合物中，如果一种元素的量是一定的，那么与它结合的另一种元素的量总是成倍地变化。这就是倍比定律，组成化合物时，不同元素的原子之间以简单整数比相结合。

于是，道尔顿提出了原子理论，之后道尔顿又充分利用了他在气象观测和对大气的组成与性质实验研究方面的成果，得出结论：不同元素原子的大小、质量均不相同，每种元素的原子都以其原子量为基本特征，并且指出原子的绝对质量难以测定，但它的相对质量是可以通过实验测量的。

道尔顿将最轻的原子氢原子的质量视为1，通过实验来测定其他原子的相对原子质量，比如由此测定的氧原子的质量为8，这里的8不是8克，而是相对氢原子质量1来说的。道尔顿利用实验数据先确定化合物的化学式，然后与作为标准的参考物来做对比，确定元素的相对原子质量，就这样于1803年制定了第一张原子量表。

在这张原子量表制定过程中，道尔顿将宏观质量m与微观基本单元数目N联系了起来。比如氧原子和氢原子之间的关系为：$\dfrac{m_O}{m_H} = \dfrac{N_O}{N_H} \cdot \dfrac{Ar_O}{Ar_H}$，该关系式中，$m$为元素的质量，$N$为化合物中每种元素原子的数目，$Ar$为元素的原子质量，$\dfrac{Ar_O}{Ar_H}$为氧和氢的相对原子质量。这种方式非常明确地把宏观的质量与微观的粒子数目联系起来，为以后科学家的思考方向又打开了一扇门。

但是，当时的道尔顿的理论并不完全是对的。比如其中的"同种原子组成的纯净物都相同，且质量相同"这一条，以氧原子组成的纯净物为例，我们熟知的就有氧气O_2和臭氧O_3，它们都是纯净物，但是它们并不相同，分子质量也不同。现在我们都知道对于"物质的量"的理解必须要针对特定的粒子类型，1摩尔氧气与1摩尔臭氧，它们的摩尔质量是不相同的，但在当年清楚认识这个问题的过程却并不是那么顺利。

由于道尔顿测量的相对原子量数值因实验条件等原因并不可靠，因此原子理论受到了一些科学家的质疑。比如英国化学家武拉斯顿（1766—1828）认为，道尔顿的最简化原则是完全任意规定的，因此要求得真正的原子质量是没有希望的。于是他创立了化学"当量"的标度表。武拉斯顿认为，每个元素只有一个当量，这个当量值为一个不变量。值得注意的是，为了计算出当量重量，武拉斯顿考虑的是化学式中每种元素的原子数目，而不只是反应时的质量比。因此武拉斯顿所提出的"当量重量"实际上意思应该更像是道尔顿所说的原子的相对质量，不过它采用的是以氧原子的质量作为参考标准，并且将氧原子的质量定为10。

有人反对道尔顿的原子学说，当然也会有人拥护，瑞典化学家贝采里乌斯（1779—1848）就是其中一位，他也是确定原子质量领域里的一位权威人物。贝采里乌斯清楚地知道当时原子学说的障碍不是因为理论的不足，而是因为缺乏必要数量的可靠的实验数据。于是他着手进行了更深入的实验和数据测评。贝采里乌斯共测定了45种元素的原子量，分析了约2 000种化合物的百分比组成，订正了许多元素的相对原子量，并且确认了水分子是由两个氢原子和一个氧原子构成的，由此测得氧的原子量是16。

随着原子学说的出现，化学符号对于化学来说就像字母和数字对记载人类思想和进行计算一样重要。为此贝采里乌斯公布了一套新的化学符号系统，采用每种元素的拉丁文名称的大写首字母作为元素的符号。为了区别首字母相同的化学元素，则采用前两个字母的方法，第一个字母大写，第二个字母小写。并且在这套系统中，元素化学符号表示一个原子和其原子量，不止一个原子时数目用数字表示，元素符号左边的数字表示所有右边整体的数目，而右上标数则表示它左边元素的原子数，后来德国化学家李比希采用了下标来表示这一点，这就演化成为今天我们仍在使用的化学元素符号系统。由于这套系统表示方法简便明确，所以很快就被科学界所接受了。

7.6 "物质的量"的发展史之关键三——从原子到分子

同种原子可以组成不同物质吗?

当然可以。之前提及的氧气O_2和臭氧O_3就是同种原子组成的不同物质。但科学家可不是一拍脑袋就能提出这样的结论的。

1808年,法国化学家盖·吕萨克在进行氧气和氢气结合生成水的实验时,发现氢气和氧气按照体积比2∶1进行结合,并且实验误差小于0.1%。除此以外,他还做了其他气体的相关实验,发现参加同一反应的各种气体在同温同压下,其体积成简单的整数比。他对所有数目均接近于简单的整数比感到大为吃惊,于是他大胆地得出结论:"气体总是按照某最简单比相互化合的",这就是著名的气体反应中的体积简比定律,常被称为盖·吕萨克定律。盖·吕萨克是很赞赏道尔顿的原子论的,他把自己的实验结果与道尔顿的原子论相对照,发现原子论认为化学反应中各种原子以简单数目相结合的观点是可以由自己的实验数据去支持的。他还提出一个新的假说:"在同温同压下,相同体积的不同气体含有相同数目的原子。"盖·吕萨克认为,自己的这个假说对原子学说是一个重要的证明,可以支持原子论,有助于原子论的发展。但是道尔顿却不接受这个结论,他对盖·吕萨克的发现十分怀疑。造成道尔顿和盖·吕萨克之间矛盾的主要原因是,道尔顿没有认识到气体物质相互作用时参加反应的是分子而非原子。

在19世纪中叶,理论化学体系十分混乱,当时的化学家按照各自信奉的理论和原子量,写出了五花八门的化学式,尤其是分子和原子两个概念常常混乱地被作为同义词来使用。科学家们认为，由化学元素构成的物质是由极小的微粒结合在一起构成的，而这些微粒可以被叫作原子、分子和当量等等。这种混乱的局面严重地影响了化学的发展。

由于道尔顿认为氢气、氧气、氮气等简单气体都应该是由单个原子组成的，所以他质疑盖·吕萨克实验基础的可靠性。就在这时，意大利物理学家阿伏加德罗（1776—1856）联系他们提出的原子理论和气体体积简比定律，提出了分子假设，认为气体并非像道尔顿认为的由原子来简单组成，它应该是由比原子更复杂的微粒组成的。1811年，阿伏加德罗基于流体力学的伯努利方程系统地阐述了他的第一假设：同温同压下，同体积的不同气体含有相同的分子数目。他还提出了第二假设：存在着由同种元素的两个或多个原子组成的分子。

阿伏加德罗分子假说很好地解释了盖·吕萨克与道尔顿之间的矛盾。遗憾的是，当时很多科学家都不相信存在着由同种元素的两个或多个原子组成的分子，阿伏加德罗的分子假说并没有引起科学界的重视，在分子假说被否定和遗忘的时候，气体体积简比定律和原子理论也被遗弃了。一时间，当量理论取代了原子理论。

当量理论是基于宏观物质的，它不相信有微观粒子（如原子）这样的存在，而原子理论则是基于微观粒子的，两者的本质区别在于物质的本质，或者说在于科学家们的世界观。

1861年在德国卡尔斯鲁厄召开了首次国际化学会议，在这次会议上科学家们讨论认为有必要通过给予原子、分子和当量这些概念更精确的定义，将它们明确地区分开来。也就是在这次会议上，科学界开始接受阿伏加德罗的分子假说，并且采用统一的化学元素符号系统。遗憾的是，这时阿伏加德罗已经逝世了。

关于当量理论和原子分子理论的争论，持续了很久，直到20世纪初，随着原子理论的进步和物理领域关于黑体辐射的研究，科学技术已经具备能够将原子和分子定量化的能力，原子理论才逐渐被广泛接受。原子也重新被定义为能够相互结合形成分子的最小微粒，是在自由状态下存在的最小微粒。

对原子分子理论的接受，可以认为是"物质的量"和其单位"摩尔"的起源。

7.7　"物质的量"与它的单位"摩尔"的故事

在原子分子理论被普遍接受以后，化学反应方程式是采用由原子和分子构成的化学式来表达的，反应物微粒和生成物微粒之间的比例关系也由化学式前的系数来标明。如果知道这些微粒的质量，就可以推知反应时各物质的质量和体积关系；反之，科学家们为了得到微观粒子的质量，就要将微粒间的关系转化为质量之间的关系。因此科学家们引入了克原子、克分子、克当量、克式量等概念，但是科学家们的概念上的不统一也会使这些术语发生混淆。于是，科学家们开始寻找一个能与这些说法含义相同的专门术语，使用这个专门术语时不需要仅限于某种物质的种类，只需要在使用时，说明这次针对的是哪种物质种类就可以了。在寻找的过程中，摩尔、克原子、克分子、克当量、克式量等概念又促使科学家们同时从宏观物质的质量和微观的粒子数量两个方面去考虑问题。

普遍接受原子分子学说的科学家们现在更关注化学反应中

微粒数量之间的关系，科学家们希望通过引入新的物理量方便达到这个目的。但因为当时的科技水平还不可能直接数出微粒的数目，所以只能间接地通过与质量或者体积建立关系达到目的。换句话说，定量化学研究的发展已经到了需要引入一个用于描述某种特定数量的粒子实体的物理量的阶段，无论是从单位粒子实体的质量角度，还是从单位粒子实体的数量角度，都已出现这种需求的具体表现。科学家们用回了"物质的量"这个名称来命名这个新的物理量。

"物质的量"的主要功能是，能够实现从宏观到微观，利用物质的质量或者体积间接计量物质的微粒数目。而摩尔作为物质的量的基本单位，被定义为"物质的多少"，1摩尔是说所含的某种微粒数与12克碳12的碳原子数目相等。可以说，"物质的量"和"摩尔"的提出以及规范定义是科学发展到一定阶段的必然产物，1971年物质的量成为国际单位制的一个基本物理量。

作为物质的量的单位，"摩尔"却以概念的形式先于"物质的量"出现。首先提出摩尔概念的是奥斯特瓦尔德。有趣的是，他提出"摩尔"源自对原子分子理论的质疑。由于他对原子假说的怀疑，他不愿采用分子量和原子量这种说法，就于1900年提出了"摩尔"这个概念，将"摩尔"定义为一个关于质量的量，用于代替分子质量。采用术语"摩尔"，就是因为摩尔的拉丁语含义为"质量很大"，这刚好与原子、分子的含义"质量很小"相反。奥斯特瓦尔德也引入了"物质的量"的概念，但是，他所说的"物质的量"指的是"质量或者质量比"，与现在所说的"物质的量"的含义相差甚远。

那么，摩尔又为什么被选做物质的量的单位？1摩尔物质微粒的数目又为什么叫作阿伏加德罗常数呢？

这是因为1811年阿伏加德罗提出分子学说，1909年为了纪念阿伏加德罗提出分子学说这一杰出的科学贡献，法国物理学家佩兰（1870—1942）提出将2克氢分子所含的分子数定义为阿伏加德罗常数。随着分子学说渐渐被人们接受和认可，德国物理学家能斯特和奥斯特瓦尔德，都分别在所编著的教科书中使用了克分子，mol作为克分子的简写，很快在科学研究中得到了广泛应用。就这样，符号mol（摩尔）出现在与参照标准（2克氢分子所含的分子数）相比的写法里，并且摩尔也与阿伏加德罗常数关联起来。

摩尔作为物质的量的基本单位，是由克分子发展而来的，起着统一克分子、克原子、克离子、克当量等许多概念的作用，同时把物理上的光子、电子及其他粒子群等"物质的量"也包括在内，使在物理和化学中计算这个新设定的物理量"物质的量"时有了统一的认识。

关于定义摩尔的参照标准，今天我们选择的是碳12，其实最早在1860年比利时化学家斯塔是用氧原子质量的1/16作为标准，这个标准大家沿用了很长时间。但是到了1929年，质谱分析发现了天然氧元素有三种同位素^{16}O、^{17}O、^{18}O，这便出现了混乱。物理学家们将^{16}O的原子量定义为16，但化学家由于原子量表的测定与使用的连贯性和一致性，仍然将氧元素的原子量定义为16，这导致他们在很长时间内一直使用着两套原子量数据，而两者存在10^{-4}量级的差异。为了结束这个奇怪现象，国际纯粹与应用物理联合会和国际纯粹与应用化学联合会在1959—1960年达成了共识，将^{12}C的相对原子量定义为12，并基于这个统一的标度，给出其他的相对原子质量和相对分子质量，从而消除了科学界在原子量认知上的分歧。

1971年"摩尔"被定义为：摩尔是1系统的物质的量，该系统中所包含基本单元数与12克碳12的原子数目相等，在使用摩尔时，基本单元应予以指明是原子、分子、离子、电子及其他粒子或者这些粒子的特定组合，12克碳12所含碳原子的数目以阿伏加德罗命名，用符号N_A表示，非常接近6.022×10^{23}。

纵观摩尔的演变史，在1900年奥斯特瓦尔德引入"摩尔"概念时最初的含义是质量，它为后来"物质的量"的出现奠定了基础，而当"物质的量"演变为国际单位制的七个基本物理量之一时，"摩尔"也已经演变为只用于有关原子和分子等微观粒子基本单元的数目的计量中。就像美国哲学家图尔明所说的那样：概念含义的改变可能不是突然就改变的，而是根据科学的需要而改变的。摩尔概念的改变便是如此。

7.8 "物质的量"的前世、今生与新发展

"物质的量"的概念形成过程比较复杂，从化学计量学的诞生、促进化学从定性走向定量产生新的概念，到里希特引入"当量重量"进行宏观计量及当量理论，再到普鲁斯特与贝托雷的化合物的争论，从道尔顿的原子理论与里希特的当量理论并存到取代，再到阿伏加德罗的分子学说及其对原子理论的修正，再到现在的新科技，将原子和分子定量化，原子理论、分子理论被科学界普遍接受，科学家们需要从微观角度方便地分析和研究化学反应，科学发展的需要促使了物理量"物质的量"的确立。可以说，在物质的量概念形成的历程中存在着诸多争论和质疑。实际上，几乎所有的科学概念、科学定律和

科学理论，都是要经过科学界的一番考验后，才有可能得以确立。在这个过程中，科学理论也在不断地发展，逐步地完善。

在物理量"物质的量"及其单位"摩尔"的意义被明确以后，科学家们注意到，"摩尔"这个单位的参照标准是12克碳12原子的数目，因此它与"质量"的国际单位"千克"是直接相关的，但是国际计量局的千克原器实物的基准量值会随着时间、地点等外部条件而改变。例如从1889年到1989年100年间，国际千克原器历经三个周期的检定，发现其质量变化了50微克，因此其稳定性受到了科学家们的质疑。21世纪以来测量技术发生飞跃，使宏观与微观质量之间的相互影响逐渐显现出来，千克原器实物基准的不确定性也对"摩尔"产生了影响，原有的单位制定义已经不能够满足精确测量发展的要求。因此，2005年国际计量委员会提出重新定义"摩尔"在内的4个国际单位制基本单位的建议，将这些单位直接定义在基本物理常数上，也就是说"摩尔"直接用阿伏加德罗常数来定义。从2019年5月20日开始，摩尔的新定义为：1摩尔恰好包含1阿伏加德罗常数（N_A）个基本粒子，$1N_A=6.022\ 140\ 76 \times 10^{23}$。摩尔的新定义使物质的量的测量从宏观质量溯源转变为微观粒子数量的溯源，由此回归阿伏加德罗学说揭示的科学内涵。

阿伏加德罗常数被认为是宏观与微观物质间的比例尺，这也是其被用于物质的量的国际单位制定义的一个根本原因。1811年阿伏加德罗提出分子学说时并不清楚1摩尔到底包含多少粒子数，进而如何获得准确的阿伏加德罗常数。为此，科学家们200年来一直在孜孜不倦地探索和实验。1865年，奥地利物理学家、化学家洛希米特利用分子直径和分子运动的平均自由程，首次估算了阿伏加德罗常数；1917年，美国实验物理学家密立根采用油滴实验,通过液体体积、气体直径及密度获得阿伏加德罗常数的数值。后来随着测量技术的进步和相关仪器设备的发展,阿伏加德罗常数的测量方法和尝试也越来越多。

现在,阿伏加德罗常数的测量主要运用X射线晶体学,称为硅球法,即以高纯度的单晶硅球为实验对象,分别对硅球的质量、体积、单晶胞的体积和规模、质量等参数进行精确测量,计算阿伏加德罗常数。该方法源于1913年英国物理学家布拉格发现的X射线在晶体中的衍射现象。随着晶体制备技术的日趋完善和X射线激光干涉测量等技术的发展,阿伏加德罗常数测量的准确度得到显著提高。中国计量科学研究院也参与了摩尔重新定义的国际合作重大科学活动,先后对单晶硅密度、硅球表面氧化层以及浓缩硅摩尔质量等重要参数进行了测量研究,均取得相应的研究进展。2016年底我国还参加了由德国组织的浓缩硅28摩尔质量国际比对活动,该比对共有8个先进国家计量院(包括美国NIST、德国PTB等)参加,我国是唯一采用高分辨电感耦合等离子体质谱(HR-ICP-MS)和多接受电感耦合等离子体质谱(MC-ICP-MS)两种不同方法完成测量的,并获得了此次活动最好的比对成绩。

阿伏加德罗常数的测定,可以让"摩尔的复现"直接通过对微观粒子的基本单元测量来实现。精确的测量永无止境,人们对阿伏加德罗常数精准测量的不懈追求也促使计量科学面临新的挑战,有力地促进微观粒子测量及其计量科学的发展,推动相关基础理论的发展和新科学体系的产生,促进人们对微观世界的深度了解和认知,并且有利于其他新兴学科的发展。总之,摩尔、物质的量、阿伏加德罗常数,它们的演变承载着对物质组成的科学探究的艰难历程,也必将促进分析技术、材料科学等科学研究不断前进,走向无限光明的未来。

参考文献

［1］丘光明. 中国古代计量史图鉴［M］. 合肥：合肥工业大学出版社，2005.

［2］丘光明，邱隆，杨平. 中国科学技术史·度量衡卷［M］. 北京：科学出版社，2001.

［3］丘光明. 中国古代度量衡［M］. 北京：中国国际广播出版社，2011.

［4］关增建. 计量史话［M］. 北京：社会科学文献出版社，2012.

［5］孔羽，李开周. 度量衡简史：世界的尺度［M］. 北京：化学工业出版社，2020.

［6］克里斯. 度量世界：探索绝对度量衡体系的历史［M］. 卢欣渝，译. 北京：生活·读书·新知三联书店，2018.

［7］奎恩. 从实物到原子：国际计量局与终极计量标准的探寻［M］. 张玉宽，译. 北京：中国质检出版社，2015.

［8］汪宁生. 从原始计量到度量衡制度的形成［J］. 考古学，1987（3）：293-390.

［9］赵晓军. 中国古代度量衡制度研究［D］. 合肥：中国科学技术大学，2007.

［10］爱因斯坦，英费尔德. 物理学的进化［M］. 胡奂晨，译. 北京：北京文化发展出版社有限公司，2019.

［11］汪振东. 在悖论中前行：物理学史话［M］. 北京：人民邮电出版社，2018.

［12］陈嘉映. 哲学·科学·常识［M］. 北京：中信出版社，2018.

［13］上海师范大学《物理学》翻译小组. 物理学（上册）［M］. 上海：上海教育出版社，1978.

［14］于克明. 中学物理新思维［M］. 山东：山东教育出版社，2002.

［15］库珀. 物理世界（上卷）［M］. 杨基方，汲长松，译. 北京：海洋出版社，1981.

［16］齐泽维茨，等. 科学发现者：物理原理与问题［M］. 钱振华，等译. 浙江：浙江教育出版社，2008.

［17］七市高中选修教材编写委员会. 物理中的动态对称与守恒问题［M］. 北京：生活·读书·新知三联书店，2010.

［18］维尔切克. 第一推动丛书·物理系列：存在之轻［M］. 王文浩，译. 湖南：湖南科学技术出版社，2018.

［19］卡罗尔. 第一推动丛书·物理系列：寻找希格斯粒子［M］. 王文浩，译. 湖南：湖南科学技术出版社，2018.

［20］加尔法德. 极简宇宙史［M］. 童文煦，译. 上海：上海三联书店，2016.

［21］素质教育与能力培养组. 新概念物理高中第一册
［M］. 北京：中国人民大学出版社，2001.

［22］霍金. 时间简史（插图版）［M］. 许明贤，吴忠
超，译. 长沙：湖南科学技术出版社，2012.

［23］福尔克. 时间的故事［M］. 严丽娟，译. 海口：海
南出版社，2019.

［24］李大庆. 论时间及其本质［M］. 西安：西安交通大
学出版社，2014.

［25］秦克诚. 邮票上的物理学史：物理量单位制［J］.
大学物理，2001（1）：47-48.

［26］普通高中教科书物理必修第三册［M］. 上海：上
海科技教育出版社，2019.

［27］North Parade Publishing. 你好，科学！：探索电
与磁［M］. 昌剑，杨惠萍，杨瑞洋，译. 山东：青岛出版社，
2020.

［28］物理中的世界之最编写组. 物理中的世界之最
［M］. 北京：世界图书出版社，2012.

［29］戴吾三. 技术创新简史［M］. 北京：清华大学出版
社，2016.

［30］赵维玲. 物理的故事［M］. 北京：化学工业出版
社，2016.

［31］KOWAL L，骆世铮. 电学国际单位制简史［J］. 物
理通报，1990（3）：31-35.

［32］潘莹莹，潘天俊，程帅. 重新定义的电流单位：安
培［J］. 高中数理化，2018（9）：46-47.

［33］沈乃澂. 基本电荷的精密测量及电流单位安培的重新定义［J］. 物理，2019（4）：237-242.

［34］王志豪，王前进. 浅析中国古代冶铁技术［J］. 中国铸造装备与技术，2018（9）：11.

［35］人民教育出版社物理室. 物理第一册［M］. 北京：人民教育出版社，2006.

［36］李艳平，申先甲. 物理学史教程［M］. 北京：科学出版社，2003.

［37］张金涛，林鸿，等. 国内对温度单位重新定义的研究［J］. 计量技术，2019（5）：43.

［38］张龙. 绝对零度的思考［J］. 大学化学，2008（3）：50.

［39］郝允祥，陈遐举，张保洲. 光度学［M］. 北京：中国计量出版社，2010.

［40］刘慧，林延东，等. 从烛光到坎德拉：发光强度单位的演变［J］. 计量技术，2019（2）：71.

［41］KNOWLES W E Middleton. The Beginnings of Photometry［J］. Applied Optics，1971-10-12：2592-2594.

［42］杨臣铸. 发光强度单位坎德拉的历程［J］. 中国计量，2004（9）：46.

［43］卷尾语. 520话计量［J］. 计量与测试技术，2019（5）：120.

［44］曾铁. 纪念光度学的创始人朗伯逝世230周年［J］. 中学物理教学参考，2007（4）：41.

［45］李在清，杨臣铸，杨永刚. 光度计量学的起源探索（一）［J］. 中国计量，2014（8）：62.

［46］王洪鹏，白欣. 光学史坐标上的古代中国科学家［J］. 现代物理知识，2016（8）：65-68.

［47］李在清，杨臣铸，杨永刚. 光度计量学的起源探索（三）［J］. 中国计量，2014（10）：62.

［48］李莉. 光度计量与测试技术研究［D］. 西安：西安工业大学，2012.

［49］曹英. "物质的量"概念的形成历史与科学本质观［D］. 上海：华东师范大学，2012.

［50］罗志勇，王金涛，刘翔，等. 阿伏加德罗常数测量与千克重新定义［J］. 计量学报，2018，39（3）：377-380.

［51］马爱文，曲兴华. SI基本单位量子化重新定义及其意义［J］. 计量学报，2020，41（2）：129-133.

［52］王军，王松，任同祥. 物质的量国际单位制摩尔的变革历程［J］. 计量技术，2019（5）：55-59.

［53］王军，任同祥，王松. 物质的量：摩尔的重新定义［J］. 中国计量，2018（9）：34-35.

［54］任同祥，王军，周原晶. 摩尔质量测量的中国贡献［J］. 计量技术，2019（5）：60-63，71.

［55］段宇宁，吴金杰. 国际计量开启新纪元：基本单位的量子化定义［J］. 自动化仪表，2019，40（4）：1-4.

［56］商嫣然，NADEN. 国际单位制的重新定义［J］. 中国质量与标准导报，2018（12）：16.

后记

　　基本物理量对大部分物理初学者而言，是最熟悉的"陌生人"，尽管我们天天在跟它们打交道，却不了解为什么选择这几个物理量作为"基本物理量"，而不是别的，更不清楚它们深邃的内涵和历史演变。背后的故事惊心动魄，而我们却一无所知，这是对物理学习者一种莫大的遗憾。因此，当知道要写一本关于"基本物理量"的科普类读物后，笔者欣然接受。所谓"学然后知不足"，基本物理量或存在着极深的哲学内涵，或浓缩了先辈科学家的思维精髓，或关系着某阶段科学发展的重要突破，编写团队成员通过撰写前的资料查阅和学习，接触到大量闻所未闻的知识，了解了海量物理学乃至科学发展的历史，洞悉了科学家们分析思考问题的过程，拨开了许多存在心中很久的谜团，对涉及的相关中学教学内容也有了更为深刻的认识。

本书中，"质量""电流""物质的量"三节由李晓霞撰写，"温度""发光强度"两节由邹艳梅撰写，"长度"一节由秦志朋撰写，"时间"一节由周浩撰写，李晓霞完成全书统筹，邹艳梅参与了审阅和校正。笔者在撰写的过程中不断受到广东教育出版社李朝明总编辑的鼓励和指导，逐渐捋清了文字的框架和线索，经过努力最终成文。但受囿于中学教师的眼界和水准，文中难免存有错漏，希望诸位读者朋友不吝赐教。